맛을 아는 여우들의

홈베이킹

중앙 books
JoongAng Ilbo

홈베이킹과의 사랑에 푹 빠져보세요

손끝에서 느껴지는 부드러운 밀가루의 감촉과 집안 가득 솔솔 풍기는 향긋한 빵 냄새. 노릇노릇 구워질 빛깔과 나름의 개성을 가지고 태어날 과자와 빵을 기다리다 보면 처음 데이트할 때처럼 설레기까지 한답니다. 그 어떤 순간도 홈베이킹을 하는 시간보다 더 기쁠 수는 없어요.

요리에서 행복을 느끼는, 프로는 아니더라도 작고 평범한 주방에서 작은 기쁨을 하루하루 발견해가는 하품이 이지혜랍니다. 저는 시각디자인을 전공했던 학창시절부터 손으로 만드는 일은 무엇이든 좋아했답니다. 아마도 그때부터 홈베이킹의 뿌리가 싹트고 있지 않았나 싶네요.

귀여운 과자나 맛있는 빵을 만드는 것은 정말 기분이 좋아지고 즐거워지는 일이에요. 잠깐의 실수로 인해 원하던 케이크가 제대로 나오지 않을 때는 속상하기도 하지만, 제 정성을 알아줄 상대방을 생각하면서 만들다 보면 어느새 행복해진답니다. 내가 사랑하는 사람들에게 자신 있게 선보일 수 있는 맛과 모양, 그리고 정성이 가득 담긴 포장으로 선물해보세요. 이 모든 것이 홈베이킹의 매력이랍니다.

홈베이킹을 하면서 느낀 가장 중요한 점은 기본을 중요하게 생각하는 자세예요. 책을 쓰면서도 되도록 기본은 충실히 지키면서 정직하게 모든 과정을 소개하려고 노력했답니

다. 독자 여러분이 제 레시피를 보고 그대로 만들어도 누구나 쉽게 따라 할 수 있도록, 조금의 관심만 기울여도 언제든지 만들 수 있도록 내용을 꾸며보았습니다.

그동안 제가 만들었던 베이킹 레시피를 블로그나 카페에 소개한 후로 '하품님의 레시피로 만들어보니 실패하지 않았어요'라는 글을 종종 받곤 합니다. 저 역시 초보자 시절에는 쉽고 기본에 충실한 레시피를 따라해 보거나 참고했어요. 만들고 난 후에 책이나 사진에 소개된 것처럼 맛과 모양이 잘 나와 주었을 때가 제일 기쁘고 즐거웠답니다.

처음 베이킹을 시작하거나 새로운 베이킹에 도전하는 분들이 하품이가 소개한 방법으로 인해서 만드는 즐거움과 맛보는 기쁨을 나누어 가졌으면 좋겠습니다.

끝으로 이 책을 출판할 수 있도록 격려와 도움을 주셨던 중앙북스 출판사 여러분께 감사드려요. 늘 곁에서 힘이 되어준 남편과 가족들, 잊지 않고 매일같이 찾아주시는 블로그의 많은 이웃분들에게도 감사의 마음을 전하고 싶습니다. 감사합니다!

슬픈하품 이지혜 blog.naver.com/yichihye

contents

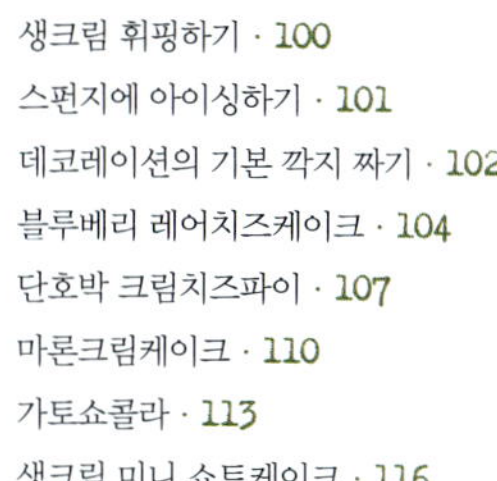

• Plus Cooking 과정 사진은 슬픈하품의 블로그를 참고하세요.
blog.naver.com/yichihye

꼭 필요한 홈베이킹의 기본 도구

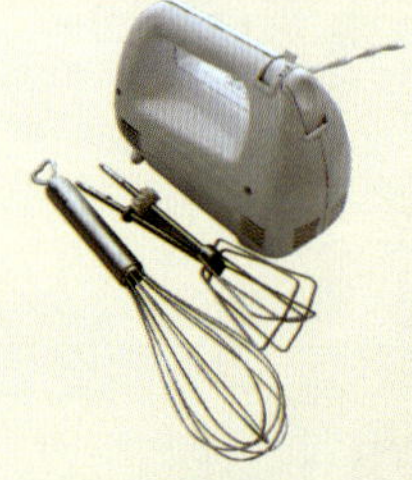

오븐

오븐은 크게 전기오븐과 가스오븐으로 나눌 수 있어요. 전기오븐은 위아래 열선에서 모두 열이 나오기 때문에 익는 시간이 짧아요. 반면, 가스오븐은 아랫불만 있기 때문에 자칫 밑부분이 타기 쉬우니 팬을 2겹으로 받쳐준 후 넣어 구워주면 된답니다.
가정에서는 전자레인지 크기만한 전기오븐을 사용하는 것이 편해요. 또한 오븐으로 굽기 전엔 적정 온도에 맞춰 10분 정도 예열해주세요. 그리고 굽는 동안에 오븐 문을 자주 열지 않아야 빠르고 골고루 익는답니다.
컨벡스 전기오븐 UDN20, www.convexoven.com

전자저울

재료의 정확한 양을 넣어 만드는 것이 홈베이킹 성공의 첫 번째 조건인 만큼 저울은 가장 중요한 도구예요. 디지털 체중계를 세계 최초로 개발한 타니타의 전자저울은 분말과 액체를 측정하기에 수월한 플라스틱 용기를 포함하고 있고, 용기 무게를 제거할 수 있는 기능이 있어 편리해요. 일반 저울보다는 소량단위인 1g 단위를 사용하며 2kg 정도까지 무게를 잴 수 있답니다.
타니타 KD-160, www.tanitakorea.co.kr

거품기와 핸드믹서

베이킹을 자주 하시는 분들이라면 재료를 섞을 때 사용하는 거품기와 핸드믹서를 모두 갖추고 계시는 것이 좋아요. 좀 더 빠른 시간 안에 크림화시키거나 휘핑할 때는 자동 핸드믹서가 편리하지만 때에 따라서 손거품기를 사용할 수도 있어요. 손거품기는 길이 30cm 정도의 크기, 핸드믹서는 170와트(W) 이상이면 무난해요.

믹싱볼

믹싱볼은 재료를 섞거나 거품을 낼 때 사용해요. 이때, 용기는 유리볼이나 스테인리스 재질 등 아무거나 사용해도 괜찮아요. 사이즈별로 2~3개 갖추고 있으면 두고두고 유용하게 사용할 수 있답니다.

계량스푼과 계량컵

계량스푼은 5ml, 15ml 단위의 스푼으로 소량의 재료를 넣을 때 사용해요. 그리고 계량컵은 200ml의 1컵 단위로 액체로 된 재료를 계량할 때 주로 사용한답니다.

가루체

밀가루의 불순물을 걸러 없애거나 밀가루 안에 공기를 넣어주는 역할을 하는 가루체는 홈베이킹용이 딱히 정해지지 않았어요. 주변에서 쉽게 구할 수 있는 체를 사용하면 된답니다.

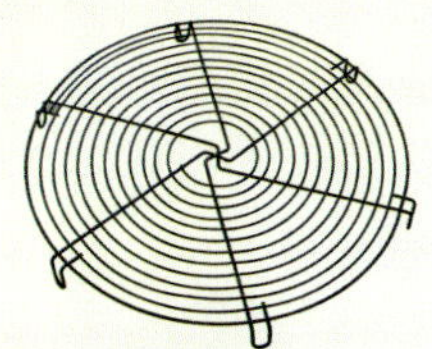

식힘망

쿠키나 빵을 굽고 난 후 그대로 팬 위에 두면 뜨거운 습기로 인해 눅눅해지기 쉬워요. 이때, 팬에서 식힘망으로 옮겨 식힌 후 보관해야 본연의 식감으로 즐길 수 있답니다. 식힘망은 높이가 높을수록 쉽게 식힐 수 있어요.

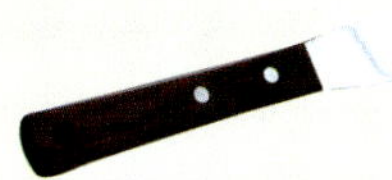

스패추라

반죽을 평평하게 만들거나 크림을 바를 때 그리고 케이크를 옮길 때 사용해요.

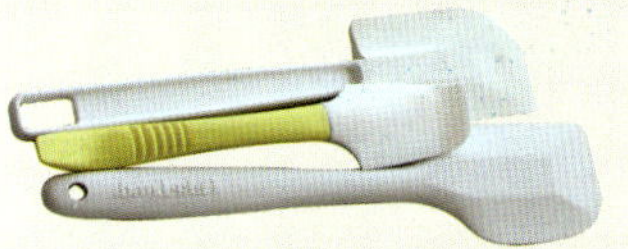

주걱

반죽을 섞거나 볼 주변을 깨끗하게 긁어줄 때 사용해요. 유연성이 좋은 재질의 주걱이 편리하답니다.

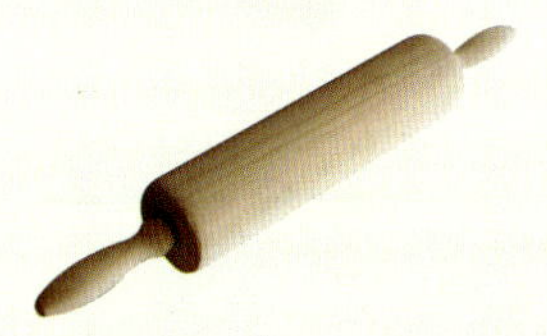

밀대

나무재질인 밀대는 반죽을 밀 때 사용하는 도구예요. 되도록 긴 것을 사용하는 것이 편해요.

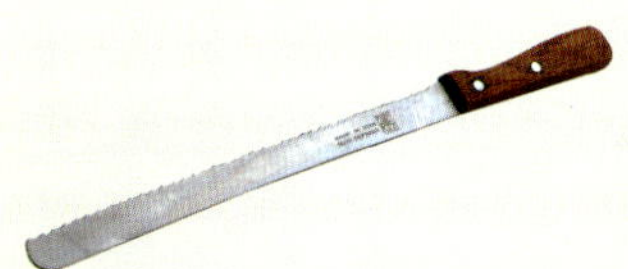

빵칼

빵을 썰 때나 케이크를 2~3장으로 얇게 슬라이스할 때 사용해요. 일반 식칼과는 달리 톱니 모양이라 부드러운 케이크들도 쓱싹쓱싹 쉽게 자를 수 있어요.

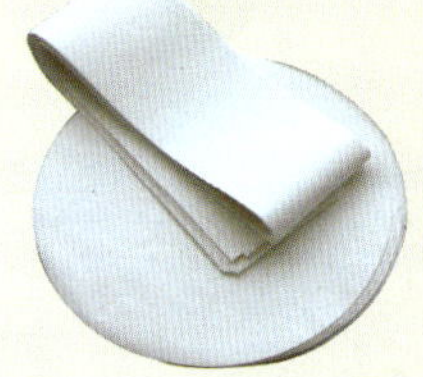

유산지

코팅된 종이인 유산지는 쿠키나 빵을 구울 때 오븐 팬 위에 깔거나 원형틀이나 파운드틀에 반죽을 붓기 전에 분리가 잘 되도록 깔아준답니다.

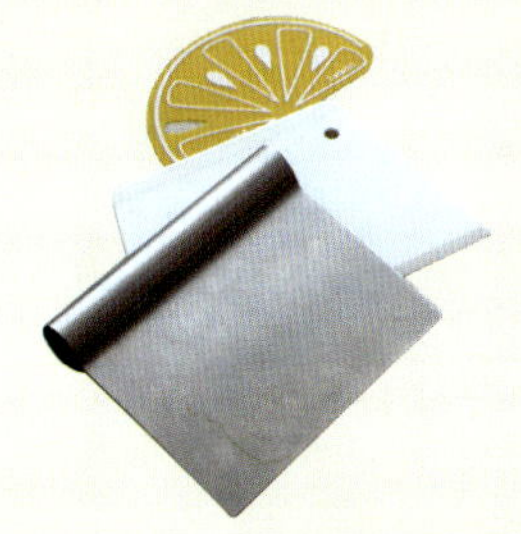

스크래퍼

스크래퍼는 파이를 만들 때 버터를 잘라주는 용도로 사용해요. 혹은 흩어진 재료들을 모으거나 긁어줄 때도 사용한답니다.

붓

시럽이나 달걀물을 발라주거나 덧가루를 털어낼 때 사용해요.

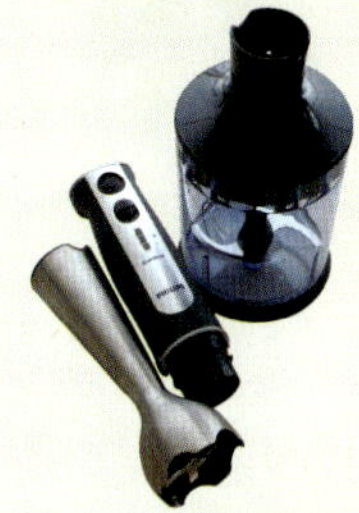

핸드블랜더와 분쇄기

재료를 곱게 갈 때 사용해요. 보통 핸드블랜더를 구입하면 분쇄기가 딸려오므로 분쇄기를 따로 구입할 필요는 없답니다.
필립스 HR-1378, www.philips.co.kr

꼭 필요한 홈베이킹의 기본 재료

밀가루

홈베이킹에서 많이 사용되는 밀가루는 과자를 만드는 박력분과 빵을 만드는 강력분 2가지예요. 박력분은 글루텐 함량이 적고 식감이 부드러운 쿠키나 스펀지케이크, 비스킷 등에 자주 쓰여요. 강력분은 글루텐 함량이 높아 쫄깃한 식감의 빵을 만들 때 주로 사용된답니다. 밀가루는 사용 후 밀폐용기에 넣어 보관하세요.

버터

버터는 기본적으로 소금이 들어가지 않은 무염버터를 사용해요. 실온에 두었다가 부드러운 상태로 사용하는 것 외에 차가운 버터를 그대로 사용하거나 녹여 사용하는 등 용도에 따라 사용방법도 달라져요. 또한 버터를 대용량으로 구입했을 경우에는 밀봉을 빈틈없이 해서 냉동고에 보관하면 오랫동안 나눠 사용할 수 있어 좋아요.

설탕

설탕은 단맛을 내주는 것뿐만 아니라 윤기를 돌게 하거나 오래 보존할 수 있게 하며, 먹음직스럽게 부풀리는 역할도 하기 때문에 기본재료에서 없어서는 안 될 재료랍니다.

달걀

달걀은 중간 크기의 달걀을 사용하는 것이 가장 좋아요. 중간 크기의 달걀은 약 55g 정도이니 조리하실 때 참고하세요. 고르실 땐 유통기한을 확인한 뒤 가장 신선한 것으로 골라 사용하고 만들기 전엔 반드시 실온에 두었다가 차갑지 않은 상태로 사용해주세요.

생크림

생크림은 유지방 함량이 35% 이상인 것을 구입해야 휘핑할 때도 훨씬 거품이 잘 올라오고 좋아요. 일반 케이크에 크림을 바를 때나 무스케이크에 생크림을 넣을 때는 차가운 상태로 사용해주시고, 반죽 속에 묽은 상태 그대로 넣어야 할 경우엔 실온에 두었다가 사용해주세요. 그리고 생크림은 냉동고에 보관하면 휘핑할 때 거품이 잘 올라오지 않을 수 있으므로 반드시 냉장고에 보관하세요.

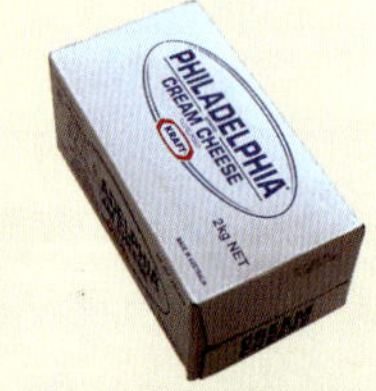

크림치즈

숙성되지 않아 산미가 느껴져 새콤한 맛이 특징인 크림치즈는 치즈케이크나 머핀, 빵, 파운드 등에 다양하게 활용할 수 있어요. 크림치즈를 구입할 때 큰 용량의 치즈가 저렴하므로 1~2kg 단위로 구입하는 것이 좋아요. 개봉한 후 최대한 빨리 드시는 것이 가장 좋지만 1~2달 정도 두고 드실 때는 공기와 맞닿지 않도록 밀봉을 2~3겹 꼼꼼하게 해준 뒤 냉장고 제일 안쪽에 넣어 보관하세요. 단, 냉동실에 보관하면 해동한 뒤 치즈와 수분이 분리되어 퍼석퍼석해질 수 있어요.

초콜릿

중탕으로 녹여 반죽에 섞는 초콜릿은 카카오 함량이 35% 이상인 제과용 커버춰를 사용하는 편이 좋아요. 그리고 쿠키나 머핀 등에 씹히는 맛을 위해 넣을 때는 초콜릿 겉면이 녹지 않도록 코팅이 되어 나오는 초코칩을 사용하는 편이 좋아요.

리큐르

향을 낼 때 넣는 과일술을 리큐르라고 해요. 오렌지 향이 나는 꼬앵트로나 체리향이 나는 키리슈, 그밖에 커피향이 진한 깔루아도 리큐르에 속한답니다. 리큐르가 없을 때는 과일향은 나지 않지만 럼주로 대체하셔도 무난해요.

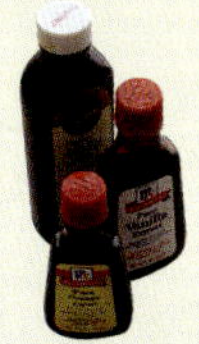

바닐라향료

일반적으로 달걀의 잡내를 잡아줄 때 많이 사용되는 바닐라향료에는 바닐라오일, 에센스, 익스트렉이 있어요. 가격은 비싸지만 바닐라빈이라는 바닐라원료를 사용하기도 해요.

너트

가장 많이 사용하는 너트류에는 아몬드와 호두를 꼽을 수 있답니다. 특히 호두는 사용하기 전 팬에 살짝 볶거나 오븐에 구워 사용해주면 쓴맛도 적어지고 좋아요. 너트류는 여름철 무더운 날에 실온에 그대로 두면 절은내가 나기 쉬우므로 밀봉한 뒤 냉동실에 넣어 보관해주세요.

후르츠

보통은 생과일을 넣지만 색다르게 말린 과일을 넣어주어도 좋아요. 말린 과일이 너무 단단할 때는 럼주나 리큐르에 담아 불려 사용하세요.

천연색소와 식용색소

쿠키나 빵을 만들 때 색을 내주는 재료예요. 보통 천연색소인 녹차가루나 단호박가루, 백련초가루, 코코아가루를 이용해 색을 내준답니다. 그리고 아이싱쿠키를 만들 때나 버터크림으로 케이크를 만들 때는 식용색소를 넣어서 예쁜 색을 만들 수 있어요. 이때, 식용색소는 천연색소처럼 몸에 이롭지 않으니까 극소량만 넣어주세요.

한천가루

한천가루는 우뭇가사리인 해초에서 추출한 성분으로 만든 응고제랍니다. 응고력이 좋아서 양갱을 만들 때 주로 사용돼요. 반드시 사용하기 전 5~10분 이상 불렸다가 사용하세요.

판젤라틴

젤라틴에는 판젤라틴과 가루젤라틴이 있어요. 베이킹에는 투명감이 좋은 판젤라틴을 주로 사용해요. 그리고 무스케이크를 만들거나 젤리, 바바로아 푸딩을 만들 때 넣기도 해요. 사용하기 전에 반드시 찬물에 5~10분 이상 불려서 사용해주세요.

팽창제

화학적 팽창제에는 베이킹파우더와 베이킹소다가 있어요. 베이킹파우더는 위로 부풀게 하며 베이킹소다는 옆으로 퍼지면서 부풀게 하는 역할을 한답니다. 또한 빵을 만들 때 주로 사용되는 효모인 이스트의 종류로는 생이스트, 드라이이스트, 인스턴트 드라이이스트가 있답니다. 생이스트로 만들 때 빵맛이 가장 좋긴 하지만 가정에서는 인스턴트 드라이이스트가 가장 편리해요. 그리고 개봉한 인스턴트 이스트는 밀봉한 뒤 냉장고에 보관하세요.

요리조리 모양을 내는 홈베이킹의 기본 틀

원형틀과 사각틀

스펀지케이크나 치즈케이크 등 여러 가지 기본 케이크를 구울 수 있는 틀이에요. 모양은 취향대로 원형이나 사각으로 선택하셔도 된답니다. 가정에서 부담 없이 만들어 먹기 좋은 사이즈로는 1호인 15cm짜리 틀이 적당해요.

머핀틀

틀 안에 유산지컵을 넣고 반죽을 굽는 틀이에요. 일반머핀, 빅머핀, 미니머핀을 만들 수 있는 틀들이 사이즈별로 나오기 때문에 선택해서 구입하실 수 있어요.

파운드틀

파운드케이크를 굽는 전용 틀이랍니다. 긴 장방형으로 높이가 어느 정도 있는 틀이라야 도톰하고 볼록한 파운드를 구울 수 있어요.

타르트틀

테두리 부분이 주름 모양으로 타르트를 구웠을 때 모양이 아주 예뻐요. 18cm 원형 타르트틀이나 작은 13cm짜리 미니틀도 2개 정도 있으면 유용하게 쓰인답니다. 직사각형이나 하트 모양 등 여러 가지 모양이 있지만 굽고 나서 부서지기 쉽기 때문에 밑부분이 분리되는 타르트틀이 편리해요.

시폰틀

꺼지기 쉬운 시폰케이크를 굽는 전용 틀이에요. 꺼지지 않도록 굽고 난 후 뒤집어 세워 식혀야 하기 때문에 틀 중심에 긴 봉이 있는 전용 틀이라야 합니다.

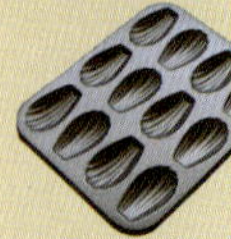

마들렌틀

조그맣고 아기자기한 프랑스식 과자를 굽는 조개 모양의 전용 틀이에요. 마들렌틀 1개당 작은 양의 반죽이 들어가기 때문에 한판에 여러 개를 동시에 구울 수 있는 틀이 편리해요.

1회용 틀

종이나 호일로 만들어졌기 때문에 1회용으로 사용할 수 있는 틀이에요. 머핀컵이나 파운드 등 여러 가지를 구울 수 있고, 모양이나 색상이 예뻐서 틀째로 선물하기에도 좋아요. 특히 머핀틀을 따로 구입하지 않아도 반죽을 부어 세울 수 있는 1회용 머핀컵을 사용하면 그대로 오븐에 구울 수 있어 편리해요.

수플레컵

오븐에서 사용할 수 있는 작은 오븐용 도기컵이랍니다. 1인분용 케이크를 구울 때나 파운드나 치즈케이크를 구울 때 그리고 반죽이 조금 남는 경우에 수플레컵에 넣어서 구우면 유용해요.

쿠키틀

쿠키반죽을 밀어준 뒤 모양틀로 찍어주면 모양 그대로 구워져 귀엽고 예쁘답니다. 선물할 때도 맘에 드는 모양틀로 구워준 뒤 윗면에 아이싱을 해주면 고급 쿠키숍에서 팔고 있는 아이싱쿠키 부럽지 않아요.

깍지, 짤주머니, 커플러

크림을 짤 때나 쿠키, 머핀반죽 혹은 케이크 반죽을 짜줄 때 사용하는 도구예요. 깍지는 다양한 모양이 있으니 필요한 모양을 구입하시면 돼요. 짤주머니는 반영구적으로 쓸 수 있는 코팅재질도 있지만 간편하게 사용하기에는 1회용 비닐 짤주머니가 편리해요. 대신 비닐 짤주머니를 구입할 때 너무 얇은 재질보다는 튼튼한 비닐재질로 된 것으로 구입하세요. 깍지 모양과 비슷한 플라스틱 커플러는 짤주머니와 깍지를 연결해주는 도구예요. 크림을 담고 나서 깍지를 바꿔 끼워야 할 경우에 커플러를 짤주머니에 먼저 끼운 뒤 사용하면 편리하고 좋아요.

알아두면 편한 홈베이킹의 기본 용어

나빠쥬

케이크를 만들고 난 후 보존성을 좋게 하거나 광택을 내어 완성도를 높이기 위해 윗면에 발라주는 재료를 나빠쥬라고 해요. 보통은 살구잼으로 만들어요. 가정에서 나빠쥬를 만들려면 살구잼:물엿:물=10:1:1.5 비율로 섞어 끓여 사용하면 된답니다.

덧가루

덧가루란 빵반죽으로 모양을 만들고 쿠키나 타르트, 파이 등의 반죽을 밀 때 들러붙지 않도록 바닥에 뿌려주는 작업용 가루를 말해요. 덧가루는 박력분보다는 멍울생김이 적은 강력분으로 사용해주세요.

머랭

달걀흰자에 설탕을 넣어 거품을 풍성하게 올리는 것을 머랭이라고 해요. 머랭을 만들 때 흰자를 차갑게 하거나 중탕으로 끓여 거품을 올리기도 한답니다. 이때, 어떤 방법으로 머랭을 만들든 반드시 볼은 물기가 없이 깨끗해야 하며 노른자 같은 이물질이 섞여 있으면 거품이 잘 안 올라오니 주의하세요.

실온상태

버터나 달걀 등의 재료들을 만들기 1시간쯤 전에 냉장고에서 꺼내 실온에 그대로 두었다가 사용하는 것을 말해요. 베이킹 재료가 너무 차가우면 잘 섞이지 않을 뿐더러 분리되기도 쉬워요. 그러므로 꼭 실온에 미리 꺼내두셨다가 사용하세요.

아이싱

아이싱이란 슈거파우더에 레몬즙이나 달걀흰자를 섞어 걸쭉한 설탕반죽을 만든 후 빵이나 케이크, 쿠키 등의 윗면에 뿌리거나 장식해주는 것을 말해요. 케이크 겉면에 크림을 발라주는 과정도 아이싱이라고 합니다.

예열

굽기 전에 10~15분 정도 오븐을 미리 달궈주는 과정을 예열이라고 해요. 예열을 하지 않고 구울 경우 반죽이 잘 부풀지 않거나 바삭한 식감이 떨어질 수 있으니 반드시 예열을 해준 뒤 구워주세요.

중탕

달걀거품을 재빨리 올리거나 초콜릿을 녹일 때 사용하는 방법이에요. 뜨거운 물을 믹싱볼 밑에 받치고 작업하면 거품도 빨리 풍성하게 올라오고, 초콜릿도 타지 않게 녹일 수 있답니다.

크림화

부드러운 버터에 공기가 들어가도록 거품기나 핸드믹서로 설탕, 달걀을 섞어주는 과정을 말해요. 재료에 공기를 머금게 하는 크림화 과정이 잘 이루어져야 바삭하고 부드러운 쿠키와 파이를 만들 수 있답니다.

휴지

쿠키반죽이나 파이, 타르트반죽을 만들어 냉장고에 넣어두는 과정을 말해요. 충분히 휴지시킴으로써 쿠키반죽을 단단하게 만들어 썰기 좋게 할 수 있으며, 파이나 타르트지의 바삭함을 더하고 퍼짐을 방지할 수 있어요.

휘핑

달걀이나 생크림의 거품을 풍성하게 만들어주는 과정을 휘핑이라고 해요. 반죽의 종류에 따라 휘핑 상태가 다르답니다.

homebaking_1
처음 시작하는 홈베이킹을 위한 간단 쿠키

직접 만들어 달콤함과 부드러움이 최고지만 만드는 방법도 쉬운 간단 쿠키!
자라나는 우리 아이들에게 안심하고 먹일 수 있는 간식이라 더욱 좋아요.
평소 쿠키를 즐기지 않는 어른들도 입맛에 따라 맛을 조절할 수 있으니
금상첨화랍니다. 간단하게 뚝딱~ 부담 없이 요리해서 주변 사람들에게 선물해보세요.
아마 사랑받는 기분이 어떤 것인지 알 수 있을 거예요.

초콜릿 모카쿠키

모카향의 쌉싸래한 쿠키에
호두와 초콜릿을 송송 넣어 만든
초콜릿 모카쿠키예요.
커피를 살짝 넣으면 남녀노소
함께 즐길 수 있답니다.

재료 (25~30개)

버터	90g
황설탕	50g
백설탕	40g
달걀	1개
바닐라오일	약간
박력분	250g
베이킹파우더	1/4작은술
소금	약간
우유	2작은술
커피	3g
호두	50g
초콜릿 다진 것	35g

 **재료 포인트**

버터와 달걀은 만들기 1시간 전에 실온에 미리 꺼내 두고 박력분과 베이킹파우더, 소금은 한꺼번에 계량하여 체쳐 둡니다. 그리고 초콜릿은 칼로 잘게 다져두세요. 커피는 인스턴트커피를 사용하면 됩니다.

1 버터를 거품기로 풀어준 뒤 황설탕과 백설탕을 함께 넣고 섞어주세요. 달걀을 넣고 다시 섞은 뒤 바닐라오일을 떨어뜨려 주세요.

2 우유에 커피를 섞은 것을 1에 넣어 거품기로 섞어주세요.

3 박력분과 베이킹파우더, 소금을 체쳐 넣어 섞어주세요.

4 잘게 다진 호두와 초콜릿을 넣고 주걱으로 골고루 섞어준 후 손으로 주물러 둥근 모양으로 길게 만들어줍니다.

5 유산지에 감싸 냉동실에 넣어 1시간 이상 굳혀주세요.

6 굳힌 반죽을 꺼내어 7~8mm 두께로 썰어주세요.

7 굽는 중에 쿠키가 부풀 수 있으니 간격을 두고 오븐팬에 올려주세요. 170~180℃로 예열된 오븐에 15~18분 정도 구워주세요.

코코넛쿠키

코코넛밀크와 말린 코코넛을 듬뿍~
넣어 만드는 코코넛쿠키.
코코넛 특유의 고소함과 바삭함을 함께
즐길 수 있어 가족 간식으로 그만이에요.

재료 (10~12개)

버터	60g
설탕	50g
코코넛밀크	40g
바닐라오일	약간
박력분	140g
베이킹파우더	1/2작은술
소금	약간
말린 코코넛채	40g

재료 포인트

버터는 말랑해지도록 미리 꺼내두세요. 보통 동남아 요리에 많이 사용되는 코코넛밀크는 대형마트에서 저렴한 가격으로 쉽게 구입할 수 있어요. 쿠키나 머핀, 파운드케이크에 우유 대신 넣어주면 아주 고소하답니다.

1 버터를 거품기로 푼 뒤 설탕을 넣고 섞어주세요.

2 시중에서 파는 코코넛밀크 캔을 준비합니다.

3 설탕이 충분히 섞여 버터색이 뽀얗게 되면 코코넛밀크를 넣고 섞어주세요.

4 바닐라오일을 넣고 섞어주세요.

5 체친 박력분과 베이킹파우더, 소금을 넣고 섞다가 코코넛채도 넣어주세요.

6 고루 섞인 반죽을 적당한 크기로 뗀 뒤 손으로 새알처럼 만들어주세요.

7 180℃로 예열된 오븐에 넣고 15~20분 정도 구워주세요. 새알 모양의 반죽은 오븐에 넣고 10분 정도 굽다가 주걱 등으로 반죽을 꾹 눌러준 뒤 나머지 시간 동안 더 구워주면 된답니다.

검은깨와 참깨볼쿠키

검은깨와 참깨를 듬뿍 넣어 만드는
고소한 쿠키. 많은 사람들에게
사랑받는 맛이지만 특히 부모님께서
좋아하시는 쿠키랍니다.

재료 (15~17개)

버터...70g
박력분..100g
옥수수전분..10g
아몬드가루..15g
설탕...40g
달걀노른자..1개
베이킹파우더...1/4작은술
바닐라에센스..약간
반죽에 넣을 검은깨 · 참깨................................17g
겉면에 굴려줄 검은깨 · 참깨............................적당량

point 재료 포인트

버터는 미리 실온에 꺼내두고 박력분과 옥수수전분, 아몬드가루, 베이킹파우더는 계량한 뒤 한꺼번에 체쳐두세요.

하품이의 맛있는 한 마디 쿠키에 옥수수전분을 약간씩 넣어주면 훨씬 바삭한 쿠키가 된답니다. 그리고 반죽에 넣을 검은깨와 참깨는 섞어서 17g 정도로 계량한 후 깨 갈이에 깨가 보일 정도로 살짝 갈아두세요. 그래야 깨의 고소함이 잘 살아난답니다.

1 버터는 한 번 풀어준 후 설탕을 넣고 섞어주세요.

2 달걀노른자를 넣고 섞어주세요.

3 설탕과 달걀노른자가 골고루 섞여 반죽이 매끄러워지면 바닐라에센스를 몇 방울 떨어뜨려 섞어주세요.

4 갈아놓은 깨와 박력분, 베이킹파우더, 옥수수전분, 아몬드가루를 체에 친 후 함께 넣고 주걱으로 섞어주세요.

5 반죽을 한입 크기의 15~17개 덩어리로 나눠 새알처럼 동그랗게 만들어주세요.

6 새알 모양으로 나눈 반죽을 참깨와 검은깨에 골고루 굴려준 후 180℃로 예열된 오븐에 20~25분 정도 구워주세요.

홍차 달걀쿠키

부드럽고 쫄깃한 식감의
달걀쿠키에 홍차를 넣어
향이 좋은 쿠키로 변신시켜보세요.

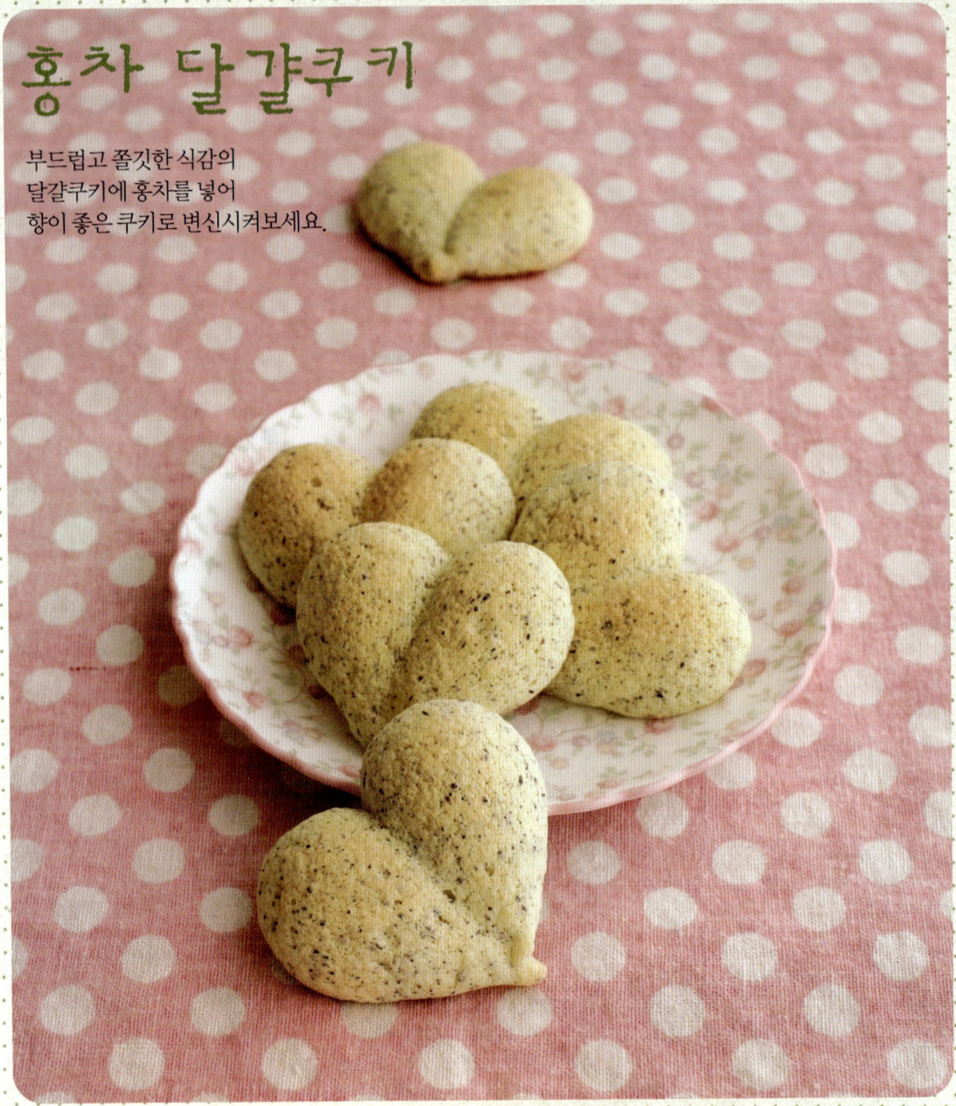

 **재료** (하트 모양 15~20개)

달걀	2개
박력분	60g
아몬드가루	20g
얼그레이 홍차티백	1~2개
설탕	50g

 **재료 포인트**

거품을 만들 달걀은 차가운 것으로 준비하고 달걀 노른자와 흰자를 따로 분리해주세요. 티백 홍차가 아닐 경우엔 홍차잎을 분쇄기에 갈아주세요. 티백 1개당 2g이므로 잎차도 3g 정도 갈아서 넣어주세요.

 **하품이의 맛있는 한 마디** 오븐팬 위에 버터칠을 한 뒤 반죽을 짜주셔야 굽고 나서도 잘 떨어진답니다. 그리고 반죽을 짤주머니로 짜준 뒤 윗면에 슈거파우더롤 골고루 듬뿍 뿌려준 후 구우면 표면이 더 바삭해진답니다.

1 베이킹할 때 사용하는 홍차는 얼그레이로 사용하셔야 굽고 난 후에도 향이 진하고 좋답니다.

2 분리해둔 차가운 흰자를 풀어준 뒤 설탕을 넣고 거품을 만들어주세요.

3 거품기로 떠봤을 때 뿔이 단단히 서게끔 만들어주세요.

4 풀어둔 달걀노른자를 넣고 골고루 섞습니다.

5 체친 박력분과 아몬드가루, 얼그레이 홍차티백을 뜯어서 넣고 섞어주세요.

6 원형 깍지를 끼운 짤주머니에 반죽을 담아주세요.

7 오븐팬 위에 반죽을 한쪽씩 올챙이 모양으로 붙여 짜주면서 하트 모양으로 만들어줍니다. 180℃로 예열된 오븐에 10~15분 정도 구워주세요.

쌀가루 녹차쿠키

쌀가루로 만드는 웰빙 녹차쿠키.
밀가루 대신 쌀가루를 이용해 쿠키를 만들어보세요.
녹차향과 잘 어울리는 팥배기를 함께 넣어주면
고소함과 영양이 한층 더 가미된 건강쿠키로 대변신!

 **재료** (미니 사이즈 40∼50개)

제과용 쌀가루	120g
녹차가루	4g
버터	60g
슈거파우더	55g
달걀노른자	1개
팥배기	30g

 **재료 포인트**

버터는 미리 실온에 꺼내두고, 제과용 쌀가루와 녹
차가루는 한꺼번에 체치세요. 팥은 설탕을 조금 넣
고 모양이 터지지 않도록 잘 삶아 익혀주세요. 통팥
을 삶아 익힌 팥배기는 시판용을 사용하셔도 됩니다.

하품이의 맛있는 한 마디 쌀가루로 쿠키를 만들 경
우엔 반죽이 많이 부풀지 않으므로 촘촘히 올려주셔도 상
관없지만, 밀가루로 대체할 경우엔 너무 부풀어 커질 수 있
으므로 여유를 두고 팬 위에 올려서 구워주세요.

1 풀어준 버터에 슈거파우더를 넣고
섞어주세요.

2 달걀노른자를 넣고 골고루 섞어주
세요.

3 체친 쌀가루와 녹차가루는 2에 넣고
주걱으로 골고루 섞어주세요.

4 팥배기를 넣고 섞은 뒤 손으로 반죽
을 잘 뭉쳐주세요.

5 지퍼백에 반죽을 넣고 밀대로 평평하
게 펴준 후 냉장고에 1시간 정도 넣어
둡니다.

6 휴지시킨 반죽을 지퍼백에서 꺼내 랩
위에서 반죽을 사각형 모양으로 잘라
주세요.

7 자른 쿠키반죽을 오븐팬 위에 촘촘히
올리고 170℃로 예열된 오븐에 15∼18
분 정도 구워주세요.

homebaking_2
맛도 만점, 영양도 만점 웰빙 머핀과 웰빙 쿠키

폭신폭신 부드러운 머핀의 맛을 내 손으로 직접 만들어보세요.
서양에서는 아침식사 대용으로 즐긴다고 하니
다양한 종류로 구워 아침마다 맛보는 것도 별미겠죠?
여러분의 건강을 생각해서 몸에 좋은 재료로만 레시피를 뽑았답니다.
레시피마다 하품이의 노하우가 쏙쏙 들어 있어요.

FRESH
Daily milk

라즈베리 머핀

라즈베리를 넣어 색감이 아주 사랑스러운
머핀이랍니다. 버터는 약간만 넣고 잼을 듬뿍 넣어 만드는
달콤한 라즈베리머핀이에요.

재료 (일반머핀 5~6개 또는 미니머핀 11~12개)

버터	40g
달걀	1개
달걀노른자	1개
설탕	40g
박력분	140g
베이킹파우더	1작은술
라즈베리잼	45g
우유	50g
윗면에 올려줄 냉동 라즈베리	적당량

point 재료 포인트

머핀을 만들기 전 버터를 비롯한 모든 재료들은 실온에 1시간 이상 꺼내두었다 사용하세요. 냉장 상태의 버터는 너무 단단해서 잘 풀어지지 않는답니다.

1 버터를 거품기로 풀어주세요.

2 설탕을 넣고 섞어주세요. 설탕의 양이 많을 땐 두 번으로 나눠 넣어주셔도 좋아요.

3 버터와 설탕이 어느 정도 고루 섞이면 버터색이 뽀얗게 바뀐답니다. 그때 달걀을 넣어주세요.

4 달걀은 2~3번에 나눠 섞어주세요. 한꺼번에 달걀을 넣으면 버터와 달걀이 순두부처럼 몽글몽글 분리될 수 있으니 조금씩 나눠서 섞어주세요.

5 달걀이 고루 섞여 매끄러워 보일 때까지 섞어주세요.

6 박력분과 베이킹파우더는 체쳐서 넣어주세요.

7 가루는 거품기가 아닌 주걱으로 골고루 섞어주세요.

8 반죽을 자르듯이 주걱으로 고루 섞어 주세요. 마구 치대 섞으면 굽고 난 후 단단해지거나 뭉침 현상이 나타날 수도 있어요.

9 가루가 거의 섞였을 때쯤 우유를 넣고 다시 섞습니다.

10 잼을 넣어주세요.

11 잼을 넣고 주걱으로 3번 정도 크게 저어 섞어주세요.

12 수저로 떠서 넣어주거나 반죽을 짤 주머니에 따로 담은 뒤 유산지 안에 짜주면 깔끔하게 담을 수 있어요. 180℃로 예열해둔 오븐에 25~30분 정도 구워주세요.

13 완성된 머핀을 선물용으로 포장할 경우 오븐에서 머핀을 꺼내 바로 식힘망에 올려 충분히 식힌 뒤 포장하세요.

쌀가루 아몬드 비스코티

이탈리아 과자인 비스코티는 두 번 구워서
다른 비스킷에 비해 단단해요.
비스코티 하나만 오독오독 먹어도 맛있지만
카페라떼나 에스프레소에 담가 먹으면 더 감미롭답니다.

재료 (11~12개)

제과용 쌀가루	130g
아몬드가루	30g
설탕	65~70g
베이킹파우더	4g
달걀	1개
포도씨유	10g
통아몬드	50g
크랜베리	20g
소금	약간

point 재료 포인트

제과용 쌀가루가 없으면 박력분으로도 대체 가능하며, 포도씨유는 해바라기씨유 등의 다른 오일로도 대체 가능해요. 통아몬드는 다른 견과류를 사용해도 좋아요. 크랜베리는 작게 잘라두세요.

1 아몬드는 170℃로 예열된 오븐에 넣고 3~4분간 살짝 구워주세요.

2 볼에 달걀을 넣고 거품기로 멍울을 풀어준 후 설탕을 넣고 골고루 섞습니다.

3 포도씨유를 넣고 잘 섞어주세요.

4 쌀가루와 아몬드가루, 베이킹파우더, 소금을 체쳐 넣고 주걱으로 골고루 섞어주세요.

5 구운 통아몬드와 크랜베리를 넣고 섞어주세요.

6 반죽을 손으로 뭉쳐준 뒤 오븐팬 위에 올려주세요. 180℃로 예열된 오븐에 25~30분 정도 구워줍니다.

7 구워진 반죽을 꺼내어 식혀준 뒤 빵칼로 1.5cm 두께로 썰어주세요.

8 썰어준 쿠키를 팬에 올려 160~170℃로 예열된 오븐에 10분 정도 구운 후, 쿠키를 뒤집어서 다시 10분 정도 더 구워주세요.

하품이의 맛있는 한 마디 쿠키를 구울 때 타지 않도록 주의하면서 노릇노릇하게 구워주세요. 여름같이 습도가 높은 계절엔 눅눅해지기 쉬우므로 오븐에 살짝 구워 수분을 날려주세요.

카페 라떼

재료 커피 3g, 우유 100ml, 물 50ml, 시럽 약간(설탕:물 = 1:2)

1 팔팔 끓여준 뜨거운 물에 커피를 섞어준 뒤 컵에 담아주세요.

2 우유는 냄비에 넣고 끓기 직전까지 데워주세요. 자동 거품기로 우유의 거품을 풍성하게 올려준 뒤 뜨거운 커피를 담아둔 컵에 남겨둔 우유거품을 가득 올려줍니다. 기호에 맞게 시럽을 타서 드시거나 비스코티처럼 딱딱한 과자를 담가 먹어도 좋아요.

땅콩 캐슈넛 머핀

땅콩잼을 듬뿍 넣어서 만드는 땅콩잼 머핀.
빵에 발라 먹기만 했던 땅콩잼을 머핀에 넣어
땅콩의 고소함을 물씬 살려보았답니다.
미니머핀 틀을 이용해 반죽 위에 캐슈넛을 올리고
구워주면 귀엽고 깜찍해요.

재료 (일반머핀 6개 또는 미니머핀 12개)

버터 30g
땅콩잼 50g
박력분 110g
황설탕 40g
베이킹파우더 4g
소금 ....약간
달걀 1개
우유 55g
캐슈넛이나 땅콩 30g

재료 포인트

버터와 땅콩잼, 우유, 달걀은 실온에 1시간 정도 꺼내두었다 사용하시고, 캐슈넛이 없을 땐 땅콩을 사용하세요.

1 버터와 땅콩잼을 볼에 넣어 거품기로 풀면서 골고루 섞어주세요.

2 황설탕을 넣어 섞어주세요.

3 풀어둔 달걀을 넣고 골고루 섞어주세요.

4 체친 박력분과 베이킹파우더, 소금을 넣고 주걱으로 섞어주세요.

5 가루가 거의 섞일 때쯤 우유를 넣고 다시 섞어주세요.

6 캐슈넛이나 땅콩을 잘라 넣고 주걱으로 섞어주세요.

7 반죽을 팬에 담고 윗면에 캐슈넛을 1~2개씩 올려줍니다. 180℃로 예열된 오븐에 25~30분 정도 구워주세요.

초콜릿머핀

초콜릿을 듬뿍 넣어 만드는 아주 진한
초콜릿머핀. 달콤한 맛 때문에 아이들이
아주 좋아해요.

재료 (일반머핀 6개 또는 미니머핀 12개)

버터	45g
다크초콜릿	20g
박력분	100g
무가당 코코아가루	10g
설탕	40g
베이킹파우더	4g
소금	약간
달걀	1개
우유	60g
호두나 피칸	25g
초코칩	25g

재료 포인트

버터와 달걀, 우유는 실온에 1시간 정도 꺼내두었다 사용하세요. 그리고 반죽에 넣을 다크초콜릿은 잘게 다진 뒤 뜨거운 물이 담긴 볼에 올려 중탕으로 녹여 주세요.

1 버터를 거품기로 풀어준 후 설탕을 넣고 섞어주세요.

2 따로 풀어준 달걀을 조금씩 넣어가며 섞어주세요.

3 중탕으로 녹여 식혀둔 다크초콜릿을 넣고 섞어주세요.

4 박력분과 코코아가루, 베이킹파우더, 소금을 체에 쳐준 뒤 반죽에 넣고 주걱으로 고루 섞어주세요.

5 가루가 거의 섞일 때쯤 우유를 넣고 섞어주세요.

6 잘게 잘라둔 호두와 초코칩을 넣고 섞어주세요.

7 반죽팬에 유산지를 깔고 수저로 반죽을 떠서 80% 정도씩 담아주세요. 180℃로 예열된 오븐에 넣고 25~30분 정도 구워주세요.

코코넛 밀크 머핀

열대지방의 코코넛이 우리 집 식탁으로 들어왔어요.
평범한 머핀에 부드러운 코코넛 밀크를 첨가하면
식감이 부드러워지고 고소함도 더욱 진해진답니다.
거기다 아삭아삭 씹히는 코코넛도 별미예요.

재료 (메이플 모양의 틀 6개)

버터 50g
달걀 1개
박력분 120g
코코넛밀크 60g
설탕 45g
소금 .... 약간
베이킹파우더 1작은술
코코넛채 20g

재료 포인트

버터와 달걀은 만들기 전에 미리 실온에 꺼내놓습니다.

하품이의 맛있는 한 마디 유산지를 깔고 굽는 머핀틀보다는 검정 코팅된 틀이 열전도율이 높아 더 빨리 구울 수 있답니다. 머핀틀에 할 경우엔 다 익었는지 길고 얇은 꼬치로 찔러본 후 반죽이 묻어나오지 않았을 때 머핀을 꺼내주세요.

1 거품기로 버터를 한 번 풀어준 뒤 설탕을 넣어 섞어주세요.

2 달걀은 버터와 잘 섞이도록 미리 풀어둔 후 조금씩 넣어가며 섞어주세요.

3 박력분과 베이킹파우더, 소금을 체쳐 넣고 주걱으로 자르듯 섞어주세요.

4 가루가 거의 섞일 때쯤 코코넛채도 넣고 섞습니다.

5 코코넛 밀크를 넣어 고루 섞어주세요.

6 버터를 칠해둔 메이플 모양의 틀에 반죽을 80~90% 채워주고 180℃로 예열된 오븐에 25~30분간 구워주세요.

곡물 시리얼바

곡물 시리얼은 통밀이나 보리, 현미 등 여러
가지 영양 곡물들을 섞어 만든 시리얼이에요.
운동이나 등산을 갈 때 몇 개씩 가져가도
안성맞춤이고 식사대용으로도 좋은 곡물
시리얼바랍니다.

 **재료** (10~14개)

곡물 시리얼	200g
호두 · 피칸	50g씩
버터	20g
올리고당	60g
설탕	25g

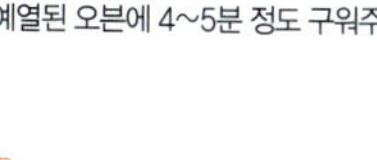 **재료 포인트**

여러 가지 곡물은 대형마트에서 쉽게 구입할 수 있어요. 건포도나 크랜베리 등의 건과류도 추가해보세요. 호두는 프라이팬에서 살짝 볶아주거나 160℃로 예열된 오븐에 4~5분 정도 구워주세요.

하품이의 맛있는 한 마디 테프론시트나 맨질맨질한 종이호일같이 끈적끈적해도 둘러붙지 않는 코팅된 재질의 유산지를 깔아주세요. 종이 유산지를 사용하면 시리얼바에 붙어서 떨어지지 않을 수도 있어요.

1 곡물 시리얼을 볼에 담고 호두와 피칸을 작게 부수어 섞어주세요.

2 냄비에 올리고당과 설탕, 버터를 담고 설탕이 녹을 때까지 불에서 바글바글 끓여주세요.

3 준비해둔 곡물 시리얼에 끓여놓은 2를 뜨거울 때 부어주세요.

4 3을 주걱으로 골고루 섞어주세요.

5 유산지를 깔아둔 사각틀이나 팬에 시리얼을 부어주세요.

6 주걱으로 윗면을 꾹꾹 눌러 평평하게 만들어주세요.

7 180℃로 예열된 오븐에 15분 정도 구운 후 식혀서 틀에서 빼주세요. 빵칼로 먹기 좋은 크기로 잘라주면 완성!

찹쌀브라우니

조콜릿의 진한 맛을 느낄 수 있는 브라우니.
버터를 넣지 않아 부담 없이 먹기 좋아요.
찹쌀가루를 넣어서 남녀노소 모두가 좋아할
만한 촉촉하고 쫄깃한 브라우니에요.
만들기도 간단하고 모양도 예뻐서
선물하기에 아주 좋아요.

 **재료** (10X4.5cm 미니틀 5~6개)

찹쌀가루 90g
무가당 코코아가루 10g
베이킹파우더 1작은술
설탕 25g
다크초콜릿 50g
우유 90g
달걀 1개
달걀노른자 1개
포도씨유 5g
호두 · 피칸 · 호박씨 · 캐슈넛 ....적당량

 **재료 포인트**

다크초콜릿은 잘게 썰어 중탕으로 미리 녹여주세요.
반죽 윗면에 올려주는 견과류는 다른 종류의 견과류
로 대신해도 좋아요.

1 찹쌀가루와 코코아가루, 설탕, 베이
킹파우더를 체친 후 볼에 넣어 거품
기로 섞어주세요.

2 달걀과 달걀노른자, 우유는 따로 섞어
준 뒤 1에 넣고 다시 한번 섞어주세요.

3 중탕으로 녹여준 다크초콜릿과 포도
씨유를 넣고 섞어준 후 틀에 반죽을
담아주세요. 그리고 호두와 피칸을 촘촘
히 올려주세요.

4 170℃로 예열된 오븐에 30분 정도 구
워주세요.

딸기 요구르트 스콘

버터는 살짝만 넣고 요구르트는 듬뿍 넣어 만들어
담백한 맛이 물씬 나는 스콘이랍니다. 건딸기만 넣어도
상큼하지만 뜨거울 때 딸기잼을 얹어 먹으면 훨씬 더
달콤상큼해요.

재료 (6~7개)

버터	30g
박력분	150g
베이킹파우더	4g
건딸기	40~50g
설탕	25g
소금	약간
플레인 요구르트	90g
우유	약간

point 재료 포인트

플레인 요구르트와 버터는 차갑고 단단한 상태로 반죽에 넣어주세요. 건딸기는 미리 작게 잘라두고 건딸기를 구하기 어려울 땐 크랜베리나 건살구 등 다른 건과류를 넣으셔도 좋아요.

1 박력분과 소금, 설탕, 베이킹파우더를 체쳐 넣고 차가운 버터를 잘라 넣어주세요.

2 스크래퍼로 버터를 잘라가며 가루와 잘 섞어주세요.

3 버터와 가루류가 고루 섞여 보슬보슬한 상태가 되면 차가운 플레인 요구르트를 넣고 스크래퍼로 섞어주세요.

4 가루가 거의 다 섞였을 때쯤 잘라둔 건딸기를 넣고 골고루 섞어주세요.

5 건딸기를 섞은 반죽을 한 덩이로 뭉쳐줍니다.

6 반죽을 밀대로 밀어주고 다시 겹쳐 접어 다시 한번 밀어주세요.

7 겹쳐 접어 밀어주는 과정을 5~6번 정도 반복합니다.

8 반죽을 2cm 두께로 밀어주고 사각형이나 삼각형 모양으로 잘라주세요.

9 잘라준 반죽을 팬 위에 올리고 윗면에 붓으로 우유를 살짝 발라주세요. 180~190℃로 예열된 오븐에 15~20분 정도 구워주세요.

생크림 허브스콘

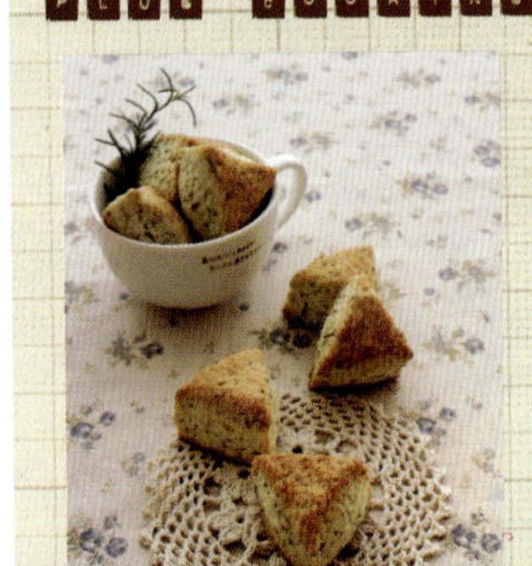

재료 (미니 사이즈 12~13개)
버터 40g, 박력분 200g, 생크림 115g, 베이킹파우더 6g, 소금 약간, 설탕 35~40g, 말린 허브믹스 2g

1 볼에 박력분과 설탕, 소금 , 베이킹파우더와 허브믹스를 넣고 한 번 섞어준 뒤 차가운 버터를 잘라 넣어주세요.

2 스크래퍼로 버터와 가루류가 잘 섞이도록 자르듯이 섞어줍니다.

3 차가운 생크림을 넣고 스크래퍼로 섞어주세요.

4 3의 반죽을 뭉친 후 밀대로 밀어주세요.

5 반죽을 밀어서 접어준 뒤 다시 밀어주세요. 이 과정을 4~5번 정도 반복합니다.

6 마지막으로 접어 밀어준 뒤 다시 2cm 정도 두께로 밀어주고 스크래퍼로 작게 뚝뚝 잘라줍니다.

7 팬 위에 잘라준 반죽을 올리고 붓으로 생크림을 윗면에 얇게 발라준 후 180~190℃로 예열된 오븐에 20~25분 정도 구워주세요.

미니 초콜릿 파이쿠키

파이의 바삭함을 지닌 미니 파이쿠키예요. 속에 이것저것 좋아하는
재료를 넣어 만들면 여러 가지 미니 파이쿠키가 되겠지요?
바삭하고 귀여운 미니 파이쿠키를 조물조물 만들어보세요.

ready 재료 (미니쿠키 틀 20~25개)

박력분	200g
버터	110g
설탕	5g
소금	1/4작은술
베이킹파우더	1/4작은술
찬물	4큰술
초콜릿	적당량

달걀물

달걀노른자	1개
물	1/2작은술

point 재료 포인트

버터는 냉장고에서 바로 꺼내 차갑고 단단한 상태로 사용하세요. 파이쿠키 안에 들어갈 초콜릿은 동글동글한 모양의 커버춰초콜릿이나 초코칩을 사용하세요. 시중에서 파는 일반 초콜릿일 경우엔 작게 잘라두세요. 달걀물은 분량의 달걀노른자와 물을 섞어 만든 후 굽기 전에 반죽 윗면에 발라주세요.

1 박력분과 소금, 베이킹파우더, 설탕을 체쳐 넣고 차가운 버터를 잘라 넣어준 후 스크래퍼로 버터를 잘라가며 섞어주세요.

2 손으로 버터와 가루가 잘 섞이도록 버터를 으깨면서 재빨리 섞어주세요.

3 찬물을 반죽에 붓고 스크래퍼로 골고루 섞어주세요.

4 반죽을 모아 한 덩이로 뭉쳐줍니다.

5 뭉친 반죽을 비닐에 싸서 냉장고에 1시간 정도 넣어 휴지시킵니다.

6 냉장고에 넣어두었던 반죽을 꺼내 밀대로 겹쳐 접어가면서 밀어주세요. 겹쳐 접어 밀어주는 과정을 3~4번 정도 재빨리 반복해줍니다.

7 반죽을 3mm 정도의 두께로 밀어주고 초콜릿을 적당한 간격으로 올려주세요.

8 초콜릿을 올리지 않은 쪽의 반죽을 절반으로 겹쳐 접어 올리고 쿠키틀로 초콜릿이 중심으로 오도록 잘 찍어주세요.

9 반죽의 테두리 부분을 포크의 뾰족한 부분으로 콕콕 찍어주세요. 반죽 윗면도 적당히 찔러주고 붓으로 달걀물을 발라주세요. 200℃로 예열된 오븐에 20~25분 정도 구워줍니다.

하품이의 맛있는 한 마디 미니쿠키 속에 들어가는 재료로 조린 사과를 넣어주면 미니 애플파이쿠키가 된답니다. 이것저것 속 재료를 바꿔가며 만들어보세요. 그리고 무더운 여름철에 파이를 만들 땐 자칫 버터가 녹아 흐물거리기 쉬우므로 반죽 중간에 냉장고에 잠시 넣어두었다 사용하세요. 그러면 바삭한 파이를 만들 수 있답니다.

아이스 녹차 두유 라떼

재료 두유 100g, 가루녹차 2~3g, 얼음 1컵, 기호에 맞는 시럽 약간

1 핸드블랜더에 두유와 가루녹차, 시럽을 넣고 거품이 생길 정도로 고루 섞어주세요.

2 얼음을 컵에 가득 채우고 녹차라떼를 담아줍니다. 가루녹차는 일본산 말차가루를 사용하면 훨씬 맛이 좋아요.

homebaking_3
우리 가족의 건강을 위한 홈메이드 빵

제과점을 지나다 보면 갓 구워져 냄새가 솔솔 풍기는
빵의 유혹을 참기 어려울 때가 많아요.
참새가 방앗간을 그냥 지나칠 수 없듯이 하품이도 그렇답니다.
그래서 하품이가 직접 맛있는 빵 만드는 법을 연구했어요.
자, 유기농 재료를 써서 건강도 맛도 살린 홈메이드 빵이니만큼
눈을 크게 뜨고 따라해 보세요.
건강한 아빠를 위한 검은깨 베이글부터 날씬한 엄마를 위한 홍차 스틱빵까지
온가족이 함께 즐길 수 있어 더더욱 좋습니다.
가족들의 간식은 이제부터 하품이가 책임질게요!

파슬리롤

파슬리가 송송 들어 있는 파슬리롤.
담백하고 부드러워 아침나절
식사대용으로 아주 좋아요.

재료 (10~14개)

강력분 200g
탈지분유 5g
파슬리가루 3g
설탕 15g
소금 2g
버터 15g
인스턴트 드라이이스트 3g
물 125g

 **재료 포인트**

버터는 미리 실온에 꺼내두고, 물은 미지근한 정도로 준비합니다. 온도에 따라 같은 레시피라도 반죽의 질기가 달라지므로 물의 양은 가감해주세요.

1 볼에 강력분과 파슬리가루를 담고 윗면에 인스턴트 드라이이스트와 설탕을 넣어주세요. 그리고 소금을 이스트와 닿지 않게 넣어주세요. 설탕은 이스트의 발효를 돕지만 소금은 방해꾼이 된다고 합니다.

2 재료를 주걱으로 한 번 골고루 섞어주세요. 재료들을 고루 섞은 뒤에 물을 넣어주어야 이스트도 뭉치지 않아요. 이스트나 소금에 밀가루 코팅을 시켜 서로 직접적으로 닿지 않게 하는 역할을 하기도 해요.

3 물을 넣어 주걱으로 섞어주세요. 달걀이나 우유가 들어가는 경우에도 이때 넣어주세요. 빵반죽에 넣는 물의 온도는 35~40℃의 미지근한 정도가 발효가 잘 되고 좋아요.

4 반죽이 한 덩이로 뭉쳐지면 말랑거리는 버터를 넣어줍니다. 버터는 반죽이 어느 정도 뭉쳐진 뒤 넣어야 고루 잘 섞여요.

5 반죽을 작업대 위에 꺼내어 손으로 밀고 치대며 반죽해주세요. 밀고 치대는 과정을 통하여 반죽의 글루텐이 만들어집니다. 반죽이 질어서 손에 들러붙을 수 있으니 스크래퍼로 손이나 작업대에 붙은 반죽을 떼어가며 반죽해주는 것이 좋아요.

6 10~15분 정도 밀고 치대는 동작을 반복하여 매끈한 반죽 상태로 만들어주세요.

7 풍선껌처럼 매끈한 정도의 반죽이 되면 손으로 반죽의 밑부분을 모아 둥글게 만들어주세요.

8 볼에서 반죽이 잘 떨어질 수 있도록 버터나 오일을 살짝 발라주고 둥글게 만든 반죽을 담아주세요.

9 볼 윗면에 랩을 씌우고 따뜻하게 데운 물을 받쳐 중탕으로 35~40분간 1차 발효합니다. 발효는 주변온도가 30~35℃ 정도로 따뜻해야 이스트가 활발히 활동을 하여 잘 부풀 수 있어요. 따끈한 물을 받쳐 중탕으로 발효시키거나 오븐을 30~35℃ 정도로 맞춘 뒤 오븐 안에 넣어 발효시켜도 좋아요.

10 발효가 잘 되면 반죽이 2배 정도로 부풀어요.

11 1차 발효가 잘되었는지 확인하고 싶을 땐 핑거테스트를 해보면 알기 쉬워요. 검지손가락에 강력분을 바르고 두 마디 정도가 들어갈 때까지 천천히 눌러보세요.

12 손가락을 뺀 후 눌러본 상태 그대로가 유지되면 발효가 잘된 상태입니다. 눌러본 구멍이 올라와 반죽이 펴지면 발효가 덜 된 상태며, 구멍이 더 커지거나 주변이 꺼지면 발효가 너무 진행된 상태랍니다.

13 발효를 마친 반죽을 손으로 눌러 가스를 빼준 뒤 스크래퍼로 만들고자 하는 개수만큼 나눠주세요. 원하는 모양이나 개수가 있으면 1차 발효 후 꼭 분할을 해주셔야 한답니다. 나눠줄 때도 반죽에 손상이 가지 않도록 꼭 스크래퍼로 반죽을 나눠주세요.

14 나눠준 반죽의 밑부분을 모아 둥글게 만들거나 손바닥 위에 올려 오른손으로 반죽을 밀어 모아주면 둥글게 만들어져요. 반죽을 나누거나 모양을 만들어줄 때 반죽이 너무 질어서 만질 수가 없으면 강력분을 덧가루로 사용하세요.

15 나눠 둥글린 반죽의 윗면이 마르지 않도록 랩을 덮거나 촉촉한 면보를 올려 덮어주세요. 그대로 실온상태에 두어 5~10분 정도 중간발효를 합니다. 반죽도 잠시 쉬어가는 과정으로 중간발효 또는 벤치타임이라고도 해요.

16 중간발효 후 둥글려서 가스를 빼주거나 밀대로 반죽을 밀어 가스를 빼주세요.

17 겹쳐 접어준 반죽을 작업대 위에서 손바닥으로 비벼 길게 만들어주세요.

18 길게 만들어준 반죽을 겹쳐준 뒤 짧은 쪽 반죽을 밑으로 넣어 구멍 쪽으로 뺀 뒤 매듭을 만들어주세요.

19 나머지 한쪽과 맞물려 터지지 않도록 꼬집어 마무리해주세요.

20 오븐팬 위에 성형한 반죽을 올려 주세요. 2차 발효와 굽는 과정으로 반죽이 부풀어 오르므로 어느 정도 간격을 두어 올려준 뒤 40분 정도 따뜻한 곳에서 2차 발효를 합니다.

21 2차 발효를 시키는 간단한 방법으로는 큰 비닐 속에 뜨거운 물을 담은 볼과 반죽팬을 같이 넣어 발효시키는 방법과 오븐을 30~35℃ 정도로 맞춰준 뒤 반죽 윗면에 촉촉한 면보를 덮어 올려주고 오븐에 넣는 방법이 있답니다.

22 2차 발효 후 충분히 예열된 190℃의 오븐에 15~18분간 윗면이 노릇노릇해질 때까지 구워주세요.

브로콜리빵

빵을 굽고 나서 솔솔 풍기는 브로콜리 특유의 향이
보들보들하고 촉촉한 브로콜리빵. 채소를 잘 먹지
않는 아이들도 만들어주면 아주 잘 먹게 되는
채소빵이라고 할 수 있지요. 다른 양파나 당근 등의
채소들을 더 첨가해서 만드셔도 좋아요.

재료 (13cm 파운드틀 2개)

강력분	200g
브로콜리	50g
설탕	15g
버터	15g
인스턴트 드라이이스트	3g
소금	2~3g
우유	110g
빵 윗면에 뿌려줄 버터	약간

재료 포인트

우유는 실온에 두었다 미지근한 상태로 사용해주세요. 브로콜리는 끓는 물에 소금을 약간 넣어 살짝만 데쳐주세요. 색만 파랗게 되도록 끓는 물에 넣었다 빼주시면 된답니다.

반죽 만들기는 51~52쪽 과정을 참고하세요.

1 브로콜리는 소금을 넣은 끓는 물에 살짝 데친 후 찬물에 헹궈주세요. 물기를 빼준 뒤 칼로 잘게 썰어줍니다.

2 반죽 재료들을 볼에 넣어 섞어준 뒤 작업대에서 반죽을 치대기 시작할 때 썰어둔 브로콜리를 넣고 함께 치대줍니다.

3 10~15분 정도 반죽을 치댄 후 볼에 반죽을 동글게 담아 따뜻한 곳에서 35~40분간 1차 발효합니다.

4 1차 발효 후 반죽을 손으로 눌러 가스를 빼준 뒤 2개로 나눠주고 둥글리기 합니다. 윗면에 랩을 덮어 5~10분 정도 중간발효를 합니다.

5 중간발효 후 밀대로 반죽을 밀어 가스를 빼주세요.

6 반죽을 손으로 꼼꼼히 돌돌돌 말아준 뒤 마무리는 꼬집어 마무리합니다.

7 파운드틀에 말아준 반죽을 담아주세요.

8 35~40분 정도 2차 발효를 합니다. 여름처럼 무더운 날에는 윗면이 마르지 않도록 비닐에 틀을 넣어 발효하면 편해요.

9 2배로 반죽이 잘 부풀면 윗면에 칼로 길게 칼집을 내주세요. 칼집을 낸 부분에 버터를 조금씩 올려주세요. 180~190℃로 예열된 오븐에 25~30분 정도 구워주세요.

하품이의 맛있는 한 마디 여름엔 덥기 때문에 발효가 아주 잘되어 시간이 단축될 수도 있어요. 반대로 겨울에는 춥고 건조하기 때문에 발효시간이 길어질 수 있습니다. 반죽의 상태와 크기를 확인하면서 발효시간도 조절해주세요.

알감자케이크

재료 (27×5.7×4cm 장방형 파운드틀 1개)
버터 80g, 박력분 150g, 설탕 60g, 달걀 1과1/2개, 베이킹파우더 1작은술, 소금 약간, 우유 15g, 으깬 감자 80g, 알감자 7~8개

1 감자는 모두 익혀 껍질을 벗긴 후 반죽에 넣을 것은 뜨거울 때 포크로 으깨어 우유를 섞어두고 알감자는 껍질만 제거해둡니다.
2 볼에 버터와 설탕을 넣어 색이 뽀얗게 될 때까지 섞어주세요.
3 풀어둔 달걀을 조금씩 넣어가며 섞어주세요.
4 체쳐둔 박력분과 베이킹파우더, 소금을 넣고 주걱으로 고루 섞어줍니다.
5 으깨둔 감자를 반죽에 넣고 섞어주세요.
6 파운드틀에 반죽을 절반 정도 담고 알감자를 일렬로 찔러 넣어주세요.
7 남은 반죽을 모두 담고 윗면을 정리해준 뒤 180℃로 충분히 예열된 오븐에 30~35분 정도 구워줍니다.

소보로 밤빵

밤이 말캉말캉 씹히는 고소한 소보로 밤빵이에요.
어릴 때 소보로만 떼어 먹거나 밤만 골라 먹었던
추억은 누구나 갖고 계실 거예요. 여러분이
좋아하는 재료를 듬뿍 넣어 만들어보세요.

재료 (18cm 파운드틀 1개)

반죽

강력분	200g
달걀	1개
연유나 꿀	20g
물	55g
버터	20g
설탕	15g
소금	2g
인스턴트 드라이이스트	3g
통조림 밤	100g

소보로

버터	35g
설탕	30g
아몬드가루	25g
박력분	50g
소금	약간

point 재료 포인트

달걀과 버터는 미리 실온에 꺼내두고, 물은 미지근한 정도로 준비해주세요. 밤은 국내산 통조림 밤을 이용하거나 생밤의 껍질을 제거한 뒤 설탕에 조려 사용하시면 돼요. 생밤을 그냥 익혀서 사용하셔도 된답니다. 통조림 밤은 체에 받쳐 시럽을 따라주고 적당한 크기로 작게 썰어 준비해주세요.

1 소보로를 만듭니다. 우선 몰랑한 버터를 주걱으로 풀어 설탕을 섞고 아몬드가루와 박력분, 소금을 체쳐 넣고 주걱으로 섞어주세요.

2 주걱으로 보슬보슬한 소보로 상태를 만들어준 뒤 사용하기 전까지 볼에 랩을 씌워 냉장고에 넣어 두세요.

> 반죽 만들기는 51~52쪽 과정을 참고하세요.

3 분량의 재료로 반죽을 한 후 따뜻한 곳에서 40분간 1차 발효를 합니다. 발효 후 가스를 빼주고 반죽을 둥글려 랩을 덮고 10분간 중간발효합니다.

4 다시 반죽을 17X25cm 크기로 한 번 더 둥글려주고 밀대로 틀에 맞게끔 넓게 밀어주세요.

> 달걀을 남겨두지 않았다면 물이나 우유를 붓으로 발라주고 소보로를 얹어도 괜찮아요.

5 반죽 위에 잘라둔 밤을 고루 올려주고 돌돌돌 잘 말아주세요. 터지지 않도록 꼼꼼히 마무리합니다.

6 파운드틀에 버터를 살짝 발라주고 말아준 반죽을 넣어주세요. 반죽이 마르지 않도록 랩을 덮고 따뜻한 곳에서 40분 정도 2차 발효를 합니다.

7 반죽 윗면에 달걀을 붓으로 살짝 발라주고 만들어둔 소보로를 듬뿍 올려주세요. 180~190℃로 예열된 오븐에 25~30분 정도 구워줍니다.

사과빵

붕어빵에는 붕어가 들어 있지 않지만 사과빵에는
사과가 들어 있어요. 예전에 일본에 갔을 때 메론
모양의 메론빵이나 사과 모양을 한 사과빵이 참
특이하고도 예뻐서 인상 깊었답니다. 그래서 저도
한번 만들어보았답니다.

재료 (5~6개)

사과조림

사과	2개
황설탕	30g
레몬즙	1/2작은술
계피가루	1/4작은술

반죽

강력분	200g
달걀	1개
우유	60~65g
설탕	20g
버터	20g
인스턴트 드라이이스트	3g
소금	2g

달걀물

달걀노른자	1개
물	1/4작은술

시나몬스틱이나 빼빼로 과자	약간

point 재료 포인트

달걀과 버터, 우유는 모두 실온에 꺼내두었다 사용하세요. 우유가 없을 땐 사과주스나 물로 반죽을 하셔도 됩니다. 반죽에 우유를 넣을 땐 분량을 모두 넣지 마시고 60g 정도만 넣어본 후 반죽을 치댈 때 상태를 봐가면서 조절해주세요. 달걀물은 2차 발효를 한 후 노른자와 물을 섞어 발라주시면 된답니다.

하품이의 맛있는 한 마디 2차 발효 후 사과의 움푹한 모양처럼 구멍을 만들 때 손가락이 바닥에 닿을 정도로 지긋이 꾹 눌러주세요. 너무 세게 누르면 반죽에 구멍이 생길 수 있으니 주의해주세요 손가락에 강력분을 바르고 눌러주어야 손에 들러붙지 않아요.

1 사과를 잘게 썰어 황설탕과 레몬즙을 섞어 중불에 올려 바글바글 끓여 수분기를 날려주고 마지막으로 계피가루를 섞어준 뒤 식혀둡니다.

2 분량의 재료로 반죽을 해 35~40분 정도 1차 발효를 한 뒤 가스를 빼주세요. 반죽을 5~6개로 나눠준 뒤 둥글려 실온에서 랩을 씌워 10분 정도 중간발효합니다.

3 밀대로 반죽을 밀어 가스를 빼주고 조린 사과를 적당히 올려주세요.

4 사과조림이 나오지 않도록 반죽을 만두처럼 오므려 마무리하세요. 동글게 만들어준 반죽을 팬 위에 간격을 두어 올리고 40분 정도 2차 발효를 해줍니다.

5 검지손가락으로 가운데를 꾹 눌러 구멍을 만들어준 뒤 달걀물을 고루 발라주고 구멍에 시나몬스틱을 꽂아주세요. 190℃로 예열된 오븐에 20~25분간 구워줍니다.

블루베리 와인빵

빵으로 와인을 즐겨볼까요?
레드와인과 건블루베리를 넣어
새콤달콤 색다른 빵이 되었답니다.
와인과 잘 어울리는 치즈를 넣어
샌드위치로 만들어 먹어도 좋은 와인빵~
도전해보세요.

재료 (4개)

강력분	200g
설탕	20g
버터	20g
탈지분유	8g
소금	2g
인스턴트 드라이이스트	4g
물	30g
레드와인	180g
건블루베리	45g

재료 포인트

버터는 실온에 미리 꺼내두시고, 물은 미지근한 상태로 준비해주세요. 와인은 한 번 끓여서 알코올을 날려 사용하시면 좋지만 달콤한 와인을 사용할 경우엔 그대로 사용해도 괜찮아요. 달콤한 와인은 90g을 준비해서 넣어주세요. 건블루베리는 건크랜베리나 건포도로 대체 가능합니다.

하풀이의 맛있는 한 마디 와인이 너무 뜨거우면 이스트를 넣은 효과가 사라지므로 미지근한 정도로 식혀 사용해주세요. 또한 와인을 선택하실 땐 고가의 와인보다는 중저가 와인을 사용하시는 게 낫답니다. 비싼 와인은 빵을 만들었을 때 쓴맛이 날 수도 있어요.

1 와인을 냄비에 부어 중불에 끓여서 알코올을 날려주세요. 절반 정도로 줄어들 때까지 끓인 후 식혀줍니다.

2 분량의 다른 재료들과 식혀둔 와인을 섞은 뒤 반죽이 끝날 무렵 건블루베리를 넣어주세요.

3 반죽이 끝나면 볼에 담고 윗면이 마르지 않도록 랩을 덮어 중탕으로 40분 정도 1차 발효를 합니다.

4 반죽이 2배로 부풀면 1차 발효 완료.

5 반죽을 4개로 나눠 둥글려준 뒤 5~10분 정도 중간발효를 합니다.

6 중간발효 후 다시 둥글려 가스를 빼주고 둥글린 모양 그대로 틀에 담아 40분간 2차 발효를 한 후 200℃로 예열된 오븐에 15분 정도 구워줍니다.

리스 후르츠빵

리스 모양으로 빵을 만들어 특별한 날 어울리는
후르츠빵이랍니다. 몸에 좋은 건과일을 듬뿍
넣어 만들어서인지 새콤달콤함이 아삭아삭 씹혀
아주 맛이 좋아요.

재료 (21cm 엔젤틀 1개)

강력분	200g
우유	105g
버터	25g
설탕	20g
인스턴트 드라이이스트	4g
소금	2g
달걀노른자	1개
건과일(건살구, 건크랜베리, 건딸기)	65g

재료 포인트

우유와 버터는 실온에 미리 꺼내두시고, 건과일은 작게 잘라두세요. 건과일을 럼주에 불려서 사용하실 경우엔 우유의 양을 조금 줄여주세요.

1 반죽 재료들을 섞어 손으로 10~15분 간 치대주고 반죽이 끝나갈 무렵 건과일을 넣어 5분 정도 더 섞어주세요.

2 볼에 반죽을 담아 랩을 씌우고 35~40분간 1차 발효를 합니다.

3 발효가 끝나면 반죽을 손으로 눌러 가스를 빼준 뒤 스크래퍼로 6개로 나눠 윗면이 마르지 않도록 랩을 덮고 5~10분간 중간발효합니다.

4 반죽을 밀대로 밀어준 뒤 1/3씩 접어 겹쳐주고 꼬집어 마무리해줍니다.

5 반죽을 양손으로 밀어 길게 만들어준 후 각 끝을 묶어주세요.

6 반죽을 엔젤틀에 담아준 뒤 40분 정도 2차 발효를 합니다.

7 2배로 부푼 반죽 윗면에 우유를 붓으로 발라주고 크랜베리를 적당히 올려주세요. 그리고 190℃로 예열된 오븐에 25~30분 정도 구워주세요.

오트밀빵

건강식재료 오트밀을 넣어 만드는
오트밀빵. 새콤달콤 크랜베리가 들어가
씹는 즐거움이 있어요. 식빵처럼
만들어 샌드위치나 토스터로
해먹어도 맛있답니다.

재료 (18~20cm 파운드틀 1개)

강력분	160g
오트밀	40g
설탕	15g
버터	15g
인스턴트 드라이이스트	3g
달걀	1/2개(20g)
우유	100g
건크랜베리	40g
윗면에 올려줄 오트밀	적당량

 **재료 포인트**

달걀과 우유, 버터는 실온에 미리 꺼내두세요. 달걀은 반죽에 20g 정도만 넣어주세요. 그리고 남은 달걀은 굽기 전에 오트밀을 올릴 때 반죽 윗면에 붓으로 조금 발라주는 용도로 사용해주세요. 우유는 다 넣지 마시고 5~10g 정도 남겨두었다가 반죽의 질기를 보시면서 넣어주세요. 오븐은 2차 발효 후 190~200℃로 예열합니다.

1 건크랜베리는 사용하기 전에 뜨거운 물에 잠시 담가두었다가 부드러워지면 건져 물기를 제거해주세요.

2 오트밀과 분량의 재료로 만든 반죽을 15분간 치댄 후 크랜베리를 넣고 섞어주세요.

3 볼에 반죽을 담고 윗면에 랩을 씌워 따뜻한 물에 담가 중탕으로 35~40분 정도 1차 발효합니다.

4 발효 후 반죽을 3개로 나눠준 뒤 둥글리고 실온에서 10분간 중간발효해줍니다.

5 중간발효 후 다시 둥글려서 가스를 빼주고 둥글린 모양 그대로 파운드틀에 3개를 가지런히 넣어주세요.

6 윗면에 남은 달걀을 붓으로 살짝 발라주고 오트밀을 듬뿍 올린 후 오트밀이 잘 붙도록 손으로 조금 눌러주세요. 따뜻한 곳에서 40분 정도 2차 발효를 해줍니다.

7 2차 발효가 끝나면 190~200℃로 충분히 예열된 오븐에 15분 정도 구워주세요.

쌀가루 삼색 모닝빵

한번에 3가지로 즐기는 삼색 모닝빵. 쌀가루로
만들어 한 끼 식사로도 든든한 빵이에요.
알록달록 여러 가지 색으로 만들어보세요.

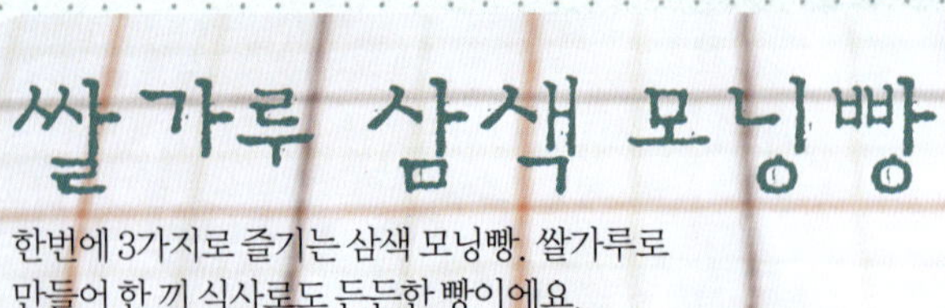

재료 (17X17cm 사각틀 9개)

제과용 쌀가루	225g
우유	150g
달걀	1/2개 (25g)
버터	10g
설탕	15g
소금	약간
녹차가루	2g
코코아가루	6g
인스턴트 드라이이스트	3g
물	2작은술

point 재료 포인트

우유는 미리 실온에 꺼내두세요. 반죽을 3개로 나눠 각각 녹차와 코코아를 섞어줄 거예요. 가루만 넣게 되면 잘 섞이지 않을 수 있으니 나눠준 반죽에 각 가루와 물을 조금 흘려주고 섞어주세요.

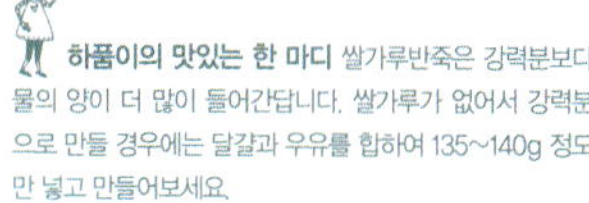

하품이의 맛있는 한 마디 쌀가루반죽은 강력분보다 물의 양이 더 많이 들어간답니다. 쌀가루가 없어서 강력분으로 만들 경우에는 달걀과 우유를 합하여 135~140g 정도만 넣고 만들어보세요.

1 제과용 쌀가루를 볼에 담고 윗면에 인스턴트 드라이이스트와 설탕을 넣어주고 소금을 다른 한쪽에 넣어준 뒤 주걱으로 골고루 섞어주세요.

2 미지근한 우유를 넣어준 뒤 달걀을 풀어주세요.

3 한 덩이로 뭉쳐진 반죽에 버터를 넣어 대충 섞은 뒤 작업대에 반죽을 놓고 끈기가 생기도록 치대면서 반죽합니다.

4 10~15분 정도 반죽을 한 뒤 3개로 나눠주고 하나의 반죽에는 녹차가루와 물(1작은술)을, 다른 하나에는 코코아가루와 물(1작은술)을 넣어 치대가며 고루 섞어주세요.

5 반죽을 3개씩 9개로 나눠주고 둥글려준 뒤 윗면에 랩을 덮어 실온에서 10분간 중간발효합니다.

6 중간발효 후 다시 둥글려 사각팬에 담아 40분 정도 발효하세요. 굽기 10분 전에 190℃로 예열된 오븐에 25~30분 정도 구워주세요.

고구마빵

달콤한 고구마를 넣은 고소하고 귀여운
모양의 고구마빵. 집에서 아이들과 함께
만드는 재미가 아기자기한 홈메이드
고구마빵이랍니다.

 **재료** (8개)

빵 속에 넣어줄 재료

익힌 고구마 300g
꿀 20g
생크림 1큰술

빵 반죽

강력분 190g
보라색 고구마 파우더 ....10~15g
물 ....60~70g
우유 70g
버터 20g
인스턴트 드라이이스트 3g
소금 2g
설탕 20g

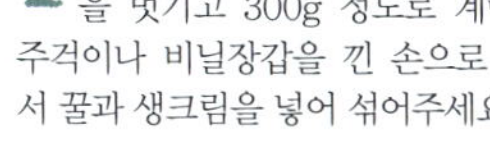 **재료 포인트**

버터와 우유는 실온에 미리 꺼내놓고, 물은 미지근한 상태로 준비하세요. 고구마는 팬에서 구워주거나 전자레인지에 돌려 익히거나, 찜통에 쪄서 푹 익혀주세요. 보라색 고구마 파우더는 제과제빵 재료 쇼핑몰에서 쉽게 구할 수 있어요.

하품이의 맛있는 한 마디 고구마가 아닌 감자로 만들어도 좋아요. 감자를 생크림과 섞어 으깨 넣어주어도 맛있는 감자빵이 만들어진답니다.

1 고구마는 푹 찌거나 구워준 뒤 껍질을 벗기고 300g 정도로 계량한 후 주걱이나 비닐장갑을 낀 손으로 으깨면서 꿀과 생크림을 넣어 섞어주세요.

2 분량의 재료와 보라색 고구마 파우더를 넣어 반죽한 후 볼에 담고 윗면에 랩을 씌워 따뜻한 곳에서 35~40분간 1차 발효를 합니다.

3 발효가 끝나면 손으로 눌러 가스를 빼주고 스크래퍼로 8개의 덩어리로 나눠준 뒤 둥글려주고 실온에서 10분 정도 중간발효를 해줍니다.

4 중간발효 후 밀대로 반죽을 밀어주고 1을 한 스푼씩 떠 올려주세요.

5 고구마가 터져 나오지 않도록 만두처럼 꼬집어 마무리합니다.

6 반죽을 고구마 모양처럼 길게 만져주고 젓가락에 강력분을 발라 겉면에 구멍을 살짝 몇 개씩 찔러주세요.

7 팬 위에 고구마빵 반죽을 간격을 두어 올려주고 40분 정도 2차 발효한 후 190℃로 예열된 오븐에 20~25분 정도 구워주세요.

homebaking_4
폼 나는 케이크와 파이로의 도전!

예전에는 케이크도 집에서 직접 만들어 먹었다고 해요.

그런데 어느 순간부터 제과점에서 대량생산되기 시작했죠?

똑같은 모양의 케이크와 파이는 개성이 없어서 하품이는 별로 내키지가 않아요.

특별한 날이 아니더라도 케이크를 손수 만들어 선물해보세요.

그러면 색다른 감동을 선사할 수 있답니다. 선물 받는 분의 즐거워할 얼굴을

생각하며 크림 하나, 장식 하나에도 정성을 듬뿍 쏟아보세요.

하품이의 방법에 여러분의 개성을 살려 만들다 보면

세상에서 하나밖에 없는 케이크가 탄생할 거예요.

피칸타르트

머리를 맑게 하는 건뇌식품 중 하나인 견과류.
그중에서도 피칸을 사용해 만든 고급스러운
피칸타르트랍니다.

재료 (15X3.5cm 원형 타르트 1개 또는
18X2cm 원형 타르트 1개)

타르트지

박력분	90g
아몬드가루	10g
슈거파우더	25g
버터	40g
달걀노른자	1개

충전물

달걀	1개
황설탕 또는 흑설탕	15g
콘시럽	40g
꿀	15g
소금	약간
녹인 버터	10g
계피가루	1g
박력분	4g
인스턴트 커피	약간
시나몬초코칩	15~20g
피칸	100~120g

point 재료 포인트

버터와 달걀은 미리 실온에 꺼내 놓고, 타르트지에
들어가는 박력분과 아몬드가루는 한꺼번에 체쳐둡
니다. 피칸은 호두로 사용 가능하며 작게 부수거나
통째로 그대로 넣어주세요. 계피가루는 취향껏 넣어
주시면 좋아요. 시나몬초코칩은 일반 초코칩으로 넣
어도 괜찮아요.

1 볼에 버터를 풀어주고 슈거파우더를
섞은 뒤 달걀노른자를 넣어 타르트
지를 만들어주세요.

2 체쳐둔 박력분과 아몬드가루를 넣어
섞어주세요.

3 뭉친 반죽을 지퍼백이나 비닐에 넣어
냉장고에서 30분~1시간 정도 휴지
시킵니다.

4 냉장고에 넣어두었던 반죽을 꺼내어
밀대로 4mm 두께로 밀어주세요.

5 틀에 반죽을 올려 잘 밀착시켜준 뒤
포크로 바닥을 듬성듬성 찔러주고
180℃로 충분히 예열된 오븐에 15~20분
정도 구워 식혀둡니다.

6 충전물을 만들기 위해서 볼에 달걀을
넣고 멍울을 풀어준 뒤 황설탕, 소금
을 섞어주세요.

7 콘시럽과 꿀을 섞은 뒤 녹인 버터를 넣고 섞어주세요.

8 박력분과 계피가루, 커피를 넣어 섞어 주세요.

9 고루 섞은 재료를 체에 한 번 걸러주 세요.

10 구워 식혀둔 타르트지에 피칸과 시나몬초코칩을 적당히 넣어주세 요. 그런 후 충전물을 부어 180℃로 예 열된 오븐에 35~40분 정도 구워주세요.

PLUS COOKING

단호박 치즈케이크

재료 미니 단호박 1~2개, 껍질 깐 단호박 80g, 크림치즈 75g, 생크림 15g, 설탕 13g, 옥수수전분 1큰 술, 달걀 1/2개(27g)

1 미니 단호박의 속을 깨끗하게 파준 뒤 전자레인지에 3~4분 정도 돌려주세요.

2 껍질 깐 단호박을 4~5분간 돌려 익힌 후 분량의 재료를 모두 섞어 단호박 크림치즈반죽을 만들어주세요.

3 미니 단호박 안에 반죽을 가득 부어 170℃로 예열된 오븐에서 30분간 구워주면 완성.

호두 시폰케이크

입 안에 넣으면 사르르 녹아버리는 비단결같이 부드러운
시폰케이크. 고소한 견과류를 더해서 맛도 영양도 뛰어난
케이크랍니다. 시폰은 생크림을 발라 먹어도 맛있지만
케이크 자체로만으로도 맛있어요.
칼로리를 낮추려면 생크림을 바르지 말고
촉촉한 케이크 그대로의 맛을 즐겨보세요.

재료 (11cm 미니 시폰틀 2개 또는 16cm 1호 시폰틀 1개)

달걀	2개
메이플시럽	30g
설탕	25g
포도씨유	20g
물	30g
박력분	50g
베이킹파우더	1/2작은술
소금	약간
호두나 피칸	30g

 **재료 포인트**

달걀은 흰자와 노른자가 섞이지 않도록 잘 분리한 뒤 흰자는 냉장고에 넣어 차갑게 사용하고, 노른자는 실온에 두었다 사용해주세요. 박력분과 베이킹파우더, 소금은 한꺼번에 계량한 뒤 2~3번 정도 체로 쳐두세요. 설탕을 각각 절반씩 나눠 섞어주세요.

1 박력분과 베이킹파우더, 소금을 계량한 뒤 2~3번 체쳐둡니다. 반죽에 들어갈 호두나 피칸은 잘게 다져두세요.

2 먼저 거품을 만듭니다. 깨끗한 볼에 흰자를 분리해 넣고 거품기로 몽글몽글 풀어준 뒤 설탕 1/2을 섞어주세요.

3 거품을 올려 뿔이 뽀족한 머랭을 만들어줍니다.

4 달걀노른자를 볼에 넣어 멍울을 풀어준 뒤 남은 설탕을 넣어 섞어줍니다.

5 설탕과 고루 섞여 노른자의 색이 뽀얗게 변했을 때 메이플시럽을 조금씩 넣어 섞어줍니다.

6 포도씨유를 볼 가장자리로 흘려 넣어주고 물도 조금씩 넣어가며 고루 섞어주세요.

7 2~3번 체쳐둔 박력분과 베이킹파우더, 소금을 넣고 주걱으로 거품이 꺼지지 않도록 고루 섞어주세요.

8 잘게 다져둔 호두나 피칸을 넣어 섞어 줍니다.

9 3의 머랭을 1/3씩 덜어 섞어주세요. 머랭의 흰자가 보이지 않도록 고루 섞어주세요.

10 시폰틀에 반죽을 80~90% 정도 담 아준 뒤 170℃로 예열된 오븐에 30~35분 정도 구워주세요.

11 구워진 시폰은 거꾸로 세워 식혀 준 후 완전히 식으면 틀에서 분리 합니다.

하품이의 맛있는 한 마디 머랭을 반죽에 섞을 때는 3 번 정도 나눠 섞어주세요. 제일 처음에 섞는 머랭은 조금 거 품이 꺼져도 괜찮으니 주걱으로 고루 잘 섞어주세요. 그리 고 나머지 머랭을 넣고 섞을 때는 골고루 섞되 거품이 꺼지 지 않도록 주의하면서 섞어주세요.

PLUS COOKING

아이스 라떼

재료 물 50g, 우유 100g, 인스턴트 커피 2~3g, 얼음 · 시럽 약간

1 물을 끓여준 뒤 커피를 섞어주세요.

2 컵에 커피와 우유를 부은 뒤 잘 섞어주세요.

3 기호에 맞게 시럽과 얼음을 넣어주세요. 시럽이 없으면 뜨거운 물과 설탕을 2:1 비율로 섞어 시럽을 만 들어주세요.

감자몽블랑

알프스 산맥의 최고봉 이름에서 따온 몽블랑케이크.
보통 밤이나 고구마로 많이 만들지만 하품이는 손쉽게
구할 수 있는 감자로 만들어보았어요. 부드럽고
고소한 감자크림을 만들어 말랑한 시트 위에 가득
올려 더욱더 먹음직스러워요.

달걀	2개
설탕	40g
제과용 쌀가루	40g
버터	15g
생크림	15g

감자크림

감자	300g
설탕	30g
버터	15g
생크림	150g

시럽

설탕	10g
물	15g
시트 위에 바를 생크림	50~70g

point 재료 포인트

달걀은 미리 실온에 꺼내두고, 버터와 생크림은 전자레인지에 30초간 돌려주세요. 제과용 쌀가루는 2~3번 정도 체쳐주세요. 감자는 찜통에 삶아준 뒤 뜨거울 때 으깨어 설탕과 버터를 넣고 고루 섞어줍니다. 유산지는 미리 사각팬 크기에 맞게 깔아두세요. 몽블랑 크림을 짜줄 몽블랑 깍지와 짤주머니를 준비합니다. 디저트 컵 3~4개 정도 분량입니다.

1 볼에 달걀을 풀어 설탕을 섞은 뒤 거품이 잘 올라오도록 따뜻한 물을 받쳐주세요.

2 거품을 떠봤을 때 리본 모양을 그리며 떨어지면 오케이.

버터와 생크림 녹인 것에 반죽을 조금 덜어 섞은 뒤 전체 반죽에 다시 넣어주세요.

3 체 쳐둔 쌀가루를 섞어준 뒤 녹여둔 버터와 생크림을 섞습니다.

4 유산지를 깔아둔 팬에 반죽을 부어주고 두 번 정도 내리쳐 잔공기를 빼준 뒤 180℃로 예열된 오븐에 넣고 15분간 구워주세요. 구운 뒤 팬에서 꺼내어 식혀둡니다.

몽블랑 깍지로 짤 때 막히는 걸 방지할 수 있어요.

5 익힌 감자를 으깨어 설탕과 버터를 섞고 체에 걸러주세요.

6 생크림을 70% 정도 걸쭉하게 휘핑해 5번 감자반죽에 섞어준 후 몽블랑 깍지를 끼운 짤주머니에 담아주세요.

7 시트를 컵 크기에 맞게 잘라 시럽을 발라준 뒤 생크림을 조금씩 짜주세요. 다시 시트를 올려 시럽을 발라주고 감자크림을 듬뿍 짜주면 완성.

바나나 초콜릿케이크

오래되서 검게 타들어가는 바나나를 이용해서
만들어본 바나나 초콜릿케이크. 바나나를 넣으면
케이크가 부들부들하고 축축해져서 우유 한 잔과
먹으면 아주 안성맞춤인 케이크예요.

재료 (12cm 미니 파운드 4개 또는 18cm 파운드 1개)

버터	100g
박력분	160g
베이킹파우더	3g
베이킹소다	1g
소금	약간
달걀	2개
황설탕	60g
바나나	120g
생크림	25g
다크초콜릿	20g

point 재료 포인트

버터와 달걀, 생크림은 미리 실온에 꺼내두세요. 생크림이 없을 경우엔 우유를 넣어도 좋아요.

하품이의 맛있는 한 마디 굽는 틀은 파운드틀이 아니어도 갖고 계신 다른 틀을 사용하셔도 괜찮아요.

1 거품기로 풀어준 버터에 황설탕을 넣고 섞어주세요.

2 풀어준 달걀을 2~3번에 나눠 넣어가며 분리되지 않도록 섞어주세요.

3 박력분과 베이킹파우더, 베이킹소다, 소금을 체쳐 넣고 주걱으로 고루 섞습니다.

4 다른 볼에 바나나를 넣고 포크로 으깨어 생크림을 섞어주세요.

5 가루가 거의 섞였을 때 4를 넣어 섞어주세요.

6 잘게 다진 다크초콜릿을 넣고 섞어주세요.

7 파운드틀에 나눠 담고 160~170℃로 예열된 오븐에 35~40분 정도 구워주세요.

검정깨 샌드위치 케이크

검정깨를 듬뿍 넣어 너무너무 고소한 케이크예요.
한번 입 안에 들어가면 사르르 금세 녹아버리는
스펀지케이크랍니다. 케이크를 항상 포크로만
먹어야 하나요? 간편하게 들고 먹을 수 있도록
개발한 샌드위치 케이크 맛 좀 보실래요?

재료 (32×23cm 오븐팬 1개)

달걀	3개
설탕	55g
제과용 쌀가루	55g
버터	20g
생크림	20g
검정깨	30g

시트에 발라줄 크림

생크림	140g
설탕	10g

시럽

설탕	10g
물	20g

point 재료 포인트

달걀은 미리 실온에 꺼내두세요. 반죽을 부어줄 오븐팬에 맞게 유산지는 미리 깔아둡니다. 시럽은 끓인 물에 설탕을 넣고 녹여주거나 냄비에 함께 넣고 끓여주세요. 버터와 생크림은 함께 계량한 후 전자레인지에 30초 정도 돌려 녹여주고 제과용 쌀가루는 2번 정도 체로 쳐주세요. 쌀가루가 없을 때는 박력분으로 넣어주세요.

1 검정깨는 믹서나 분쇄기에 조금만 돌려 갈아주세요. 오래 돌리면 너무 곱게 갈리니 적당히 갈아주세요.

2 볼에 달걀을 넣고 멍울을 풀어준 뒤 설탕을 넣어 거품을 올려주세요. 중탕으로 거품을 올리면 훨씬 잘 올라와요.

3 거품을 올렸을 때 지그재그 모양으로 떨어지면 2~3번 체친 쌀가루와 갈아둔 검정깨 1/2을 섞어주고 녹여둔 버터와 생크림을 섞어주세요.

4 팬 위의 깔아둔 유산지에 반죽을 부어주고 평평하게 주걱이나 스크래퍼로 쓸어주세요. 팬을 두 번 정도 내리친 뒤 170℃로 예열된 오븐에 15분 정도 구워줍니다.

5 구워진 뒤 바로 팬에서 꺼내어 유산지째로 완전히 식힌 후 유산지를 살살 떼어내세요.

6 볼에 생크림과 설탕을 넣고 생크림 거품을 올려 걸쭉해지면 남은 깨를 넣고 80~90% 정도의 휘핑 상태로 거품을 올려주세요.

7 식혀둔 시트를 절반으로 잘라준 뒤 구워진 윗부분에 시럽을 약간씩 고루 발라주고 휘핑한 깨크림을 발라주세요. 다른 한쪽에도 시럽을 발라둡니다.

8 남은 시트를 크림 위에 겹쳐 올린 뒤 유산지에 감싸 냉장고에 잠시 넣어둡니다.

9 크림이 조금 단단해지면 냉장고에서 케이크를 꺼내어 샌드위치 모양으로 잘라주세요.

하품이의 맛있는 한 마디 샌드위치 모양으로 만들어도 간편하고 좋지만 레시피 그대로 만든 후 롤케이크로 돌돌 말아도 좋아요.

PLUS COOKING

홍차양갱

재료 (4cm 장미 모양 틀 12~14개)
물 160g, 얼그레이 홍차잎 5g, 흰 앙금 250g, 한천가루 4g, 설탕 30g, 꿀 8g

1 냄비에 물과 얼그레이 홍차잎(4g)을 넣고 끓인 뒤 불을 끄고 진하게 우려낸 후 홍차가 약 125g 정도 나올 수 있도록 잘 짜서 걸러주세요.

2 걸러준 홍차잎을 냄비에 담고 한천가루를 넣어 5분 정도 한천을 불려주세요. 그런 뒤 약불에 올려 나무주걱으로 저어주며 천천히 5분 정도 끓여주세요.

3 설탕을 넣고 3~5분 정도 계속 저어주면서 설탕이 녹을 때까지 끓여주세요.

4 냄비에 흰 앙금을 넣은 뒤 덩어리가 없도록 골고루 풀어주세요. 주걱으로 계속 저어주면서 5분 정도 끓여줍니다.

5 불을 끈 뒤 꿀과 얼그레이 홍차잎(1g)을 섞어주세요. 이때, 얼그레이 홍차잎은 티백을 뜯어 넣어주거나 곱게 갈아서 넣어주세요.

6 원하는 모양의 틀에 물스프레이를 한 번 고루 뿌려주고 양갱반죽을 부어 채워줍니다. 냉장고에 넣어 3~4시간 정도 단단히 굳혀준 뒤 틀에서 빼주면 완성!

크림치즈 쇼콜라무스

만들기가 아주 간단한 매력적인 크림치즈 쇼콜라무스.
젤라틴 없이 초콜릿과 생크림만으로도 무스케이크의
식감이 나는 부드러운 케이크랍니다. 밑부분에 스펀지를
깔아주면 좀 더 부드러워지지만 간편하게 시판
오레오쿠키를 깔아도 좋아요.

재료 (5cm 미니 하트틀 4개)

바닥쿠키

크림을 제거한 오레오쿠키	35g
녹인 버터	10g

무스

다크초콜릿	60g
크림치즈	60g
생크림	100g
초코 리큐르	1작은술

글라사쥬

우유	10g
물엿	2g
다크초콜릿	18g

재료 포인트

초콜릿은 잘 녹을 수 있도록 미리 작게 다져두세요. 크림치즈는 실온에 미리 꺼내둡니다. 바닥에 깔아줄 쿠키는 시판용 오레오쿠키예요. 하지만 초코맛이 나는 쿠키라면 어느 것이라도 괜찮아요. 쿠키 말고 스펀지케이크를 깔아주셔도 좋고요. 초코 리큐르가 없으면 깔루아나 럼주로 넣어주세요.

1 오레오쿠키의 크림을 제거해준 뒤 쿠키만 35g으로 계량하여 지퍼백에 넣고 밀대로 잘게 부숴주세요. 녹인 버터를 넣고 섞어주세요.

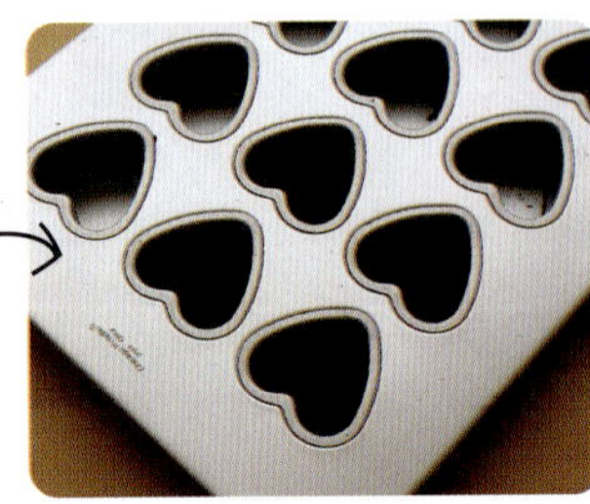

2 하트틀에 쿠키를 나눠 넣고 꾹꾹 눌러준 뒤 반죽을 만들 동안 냉장고에 넣어둡니다.

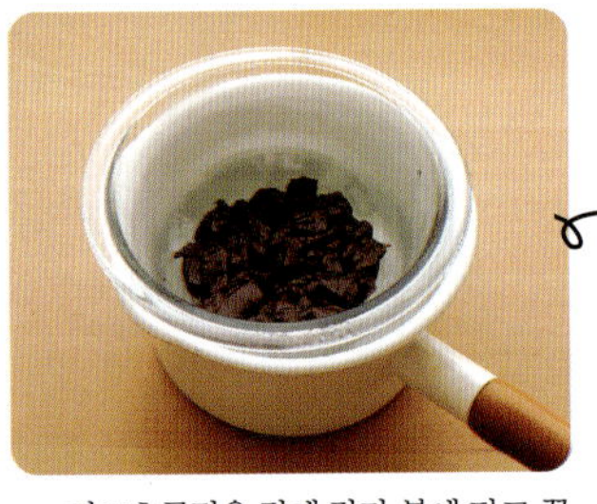

3 다크초콜릿을 잘게 잘라 볼에 담고 끓인 물을 받쳐 중탕으로 녹여주세요.

4 또 다른 볼에 크림치즈를 넣고 거품기로 풀어준 뒤 녹인 초콜릿을 조금씩 넣어가며 섞어주세요. 초콜릿이 너무 뜨거우면 분리될 수 있으니 살짝 식힌 후 넣어주세요.

5 초코 리큐르를 넣어 섞어주세요.

6 차가운 생크림을 볼에 담고 거품기로 70% 정도만 휘핑하여 거품을 올려주세요.

7 휘핑한 생크림을 두 번에 걸쳐 넣어가며 섞어주세요.

8 쿠키를 깔아둔 하트틀에 무스를 가득 채워주세요. 윗면은 스패추라로 깔끔하게 쓸어 다듬어준 뒤 냉장고에 30분~1시간 정도 넣고 단단히 굳힙니다.

9 무스 윗면에 발라줄 글라사쥬를 만들어주세요. 우유와 물엿, 다크초콜릿을 한꺼번에 중탕으로 녹여 섞어둡니다.

10 무스 윗면에 녹여 살짝 식혀준 글라사쥬를 스패추라로 얇게 펴바른 뒤 다시 냉장고에 넣어둡니다. 글라사쥬가 굳으면 무스를 틀에서 분리해주세요.

얼그레이 가나슈 타르트

재료 (6cm 미니 타르트틀 6~7개)
타르트지: 버터 60g, 박력분 105g, 무가당 코코아가루 15g, 슈거파우더 35g, 달걀노른자 1개, 우유 1~2작은술
얼그레이 가나슈: 다크초콜릿 150g, 생크림 80g, 버터 5g, 꿀 또는 물엿 1작은술, 럼주 1/2큰술, 얼그레이 홍차 6g

1 분쇄기에 박력분과 코코아가루, 슈거파우더를 넣고 섞어준 뒤 차가운 버터를 잘라 넣어 섞어주세요.

2 노른자와 우유 (1작은술)를 넣어 섞습니다. 반죽이 잘 안 뭉쳐질 경우엔 우유를 좀 더 넣어주세요.

3 분쇄기를 돌리다 보면 반죽이 한 덩이로 뭉쳐집니다. 이때, 반죽을 꺼내어 손으로 몇 번 뭉쳐주세요.

4 비닐이나 지퍼백에 반죽을 넣어 냉장고에 1시간 정도 넣어둡니다.

5 휴지된 반죽을 미니틀 크기에 맞게 밀대로 4mm 정도의 두께로 밀어주세요.

6 틀에 반죽들을 올리고 손으로 잘 밀착시켜준 뒤 180℃ 오븐에 넣어 25~30분 정도 구워준 후 틀째로 식혀둡니다.

7 가나슈를 만들어주세요. 냄비에 생크림과 얼그레이 홍차잎을 넣고 살짝 끓여주세요. 그런 뒤 불을 끄고 진하게 홍차를 우려내줍니다.

8 홍차를 우려 식은 생크림을 따뜻하게 다시 데워준 뒤 초콜릿을 넣어 녹이면서 섞어주세요.

9 마지막으로 버터와 물엿, 럼주를 섞습니다.

10 구운 후 충분히 식힌 타르트지에 가나슈를 가득 채워주세요.

고구마 치즈케이크

겨울철에 호호 불어 먹는 고구마로 만들어 더
구수하고 약간은 단단한 식감과 고구마의 촉촉함이
느껴지는 고구마 치즈케이크랍니다.
아이들도 아주 좋아해요.

재료 (15cm 치즈케이크 원형틀 1개)

바닥쿠키

시판 곡물쿠키나 비스킷	60g
버터	15g
우유	5g

치즈반죽

크림치즈	200g
고구마	150g
달걀	1개
달걀노른자	1개
황설탕	50g
생크림	70g
옥수수전분	1큰술
바닐라에센스	약간

point 재료 포인트

달걀과 생크림, 크림치즈는 실온에 미리 꺼내두세요. 바닥에 깔아줄 쿠키는 시판용을 사용해도 되고, 기본 타르트반죽의 타르트지를 틀에 맞게 구워 사용해도 된답니다. 고구마는 푹 찌거나 구워 사용하세요.

하품이의 맛있는 한 마디 고구마를 분쇄기나 핸드블랜더에 갈아주면 덩어리가 없어서 더 부드러워요. 고구마 대신 단호박이나 감자를 넣어도 좋답니다.

1 곡물쿠키나 비스킷을 지퍼백에 넣어 밀대로 잘게 부숴주고 녹인 버터와 우유를 넣어 섞은 뒤 유산지를 깔아둔 틀 바닥에 주걱으로 꾹꾹 눌러가며 평평하게 깔아주세요.

2 치즈반죽을 만듭니다. 실온에 두어 말랑거리는 치즈를 풀어준 뒤 설탕을 넣어 섞어주세요.

3 푹 익혀둔 고구마를 약간 따뜻할 때 넣어 거품기로 섞어주세요.

4 달걀과 달걀노른자를 풀어준 뒤 조금씩 섞어주세요.

5 바닐라에센스와 생크림을 넣어 섞어주세요.

6 체친 옥수수전분을 넣고 골고루 섞어주세요.

7 쿠키를 깔아둔 틀에 반죽을 담고 틀을 바닥에 2~3번 내리쳐 잔공기를 빼준 뒤 170℃로 예열된 오븐에 35~40분 정도 구워주세요.

스트로베리 무스타르트

사랑스런 핑크빛 무스케이크를 바삭한 타르트에 담아봤어요.
색감도 예쁘고 새콤달콤한 무스의 맛도 좋답니다. 윗면에 딸기를
듬뿍 올려 먹으면 더 맛있을 것 같은 스트로베리 무스타르트.

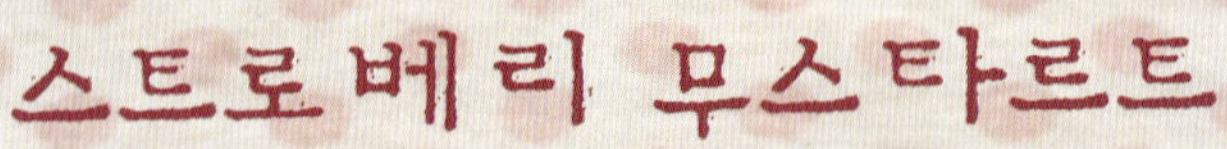

재료 (13cm 타르트틀 2개)

타르트지

버터	45g
박력분	100g
아몬드가루	20g
슈거파우더	35g
달걀노른자	1개
우유	1~2작은술

딸기무스

딸기	75g
라즈베리	75g
설탕	40g
레몬즙	1작은술
딸기 리큐르	1/2작은술
생크림	140g
판젤라틴	5g
찬물	적당량

point 재료 포인트

버터는 실온에 미리 꺼내두시고, 생크림은 찬 것으로 준비합니다. 박력분과 아몬드가루는 한꺼번에 계량해 체쳐주세요. 딸기는 세척해 꼭지를 따고 물기를 빼준 뒤 냉동 라즈베리와 설탕, 레몬즙과 함께 곱게 갈아 퓌레를 만듭니다.

1 먼저 타르트지를 만듭니다. 버터를 볼에 풀어주고 슈거파우더를 섞은 뒤 노른자와 우유 1작은술을 넣고 섞어주세요.

2 박력분과 아몬드가루를 넣고 주걱으로 섞어주세요. 반죽이 잘 뭉쳐지지 않을 때 우유를 조금 더 추가합니다.

3 뭉쳐진 반죽을 비닐에 넣고 냉장고에 30분 이상 넣어둡니다.

4 냉장고에서 단단해진 반죽을 꺼내어 바닥에 랩을 깔고 밀대로 4mm 두께로 밀어주세요.

5 반죽을 타르트틀에 올리고 손으로 눌러가며 꼼꼼하게 틀에 밀착시켜주세요. 바닥에 포크로 적당히 구멍을 찔러주고 180℃로 예열된 오븐에 25~30분 정도 구워주세요.

6 노릇노릇하고 바삭하게 잘 구워진 타르트지는 틀째로 식혀두세요.

7 타르트지가 구워질 동안 무스를 만듭니다. 무스에 넣어줄 판젤라틴은 찬물에 담가 5~10분 정도 불려주세요.

8 갈아준 딸기퓌레를 냄비에 담아 끓여 주세요. 뜨거워지면 불을 끄고 불려둔 판젤라틴을 물에서 건져 물기를 손으로 꼭 짜준 뒤 섞어주세요.

9 차가운 생크림을 볼에 넣고 거품기로 70% 정도만 걸쭉하게 휘핑해주세요.

10 식혀둔 딸기퓌레에 딸기 리큐르와 생크림을 1/3 정도만 덜어서 섞어 주세요.

11 남은 생크림도 섞어준 뒤 식혀둔 타르트지에 가득 부어주고 냉장고에 넣어 단단히 굳혀주면 완성.

하품이의 맛있는 한 마디 무스케이크 종류는 차가워야 더 맛있답니다. 냉장고에서 꺼내 바로 드셔야 녹지 않고 좋아요. 딸기무스를 타르트지에 가득 붓고 냉동 라즈베리 속에 적당히 찔러 넣어 굳혀주면 새콤한 맛이 한층 더 좋아져요.

로얄밀크티

재료 물 100g, 홍차잎 4~5g, 우유 100g, 설탕 약간

1 밀크팬이나 작은 냄비에 물과 홍차잎을 넣고 중불에 올려주세요.

2 물이 끓으면 불을 끄고 홍차가 진하게 우러나도록 5분 정도 둡니다.

3 우러난 진한 홍차에 우유를 부어준 뒤 다시 불에 올려 거품이 일어나기 직전까지만 데워주세요. 이때, 우유를 넣고 오랫동안 끓이면 비린내가 나거나 막이 생길 수 있으니 주의하세요.

4 불을 끈 뒤 2분 정도 그대로 두었다가 체에 잎을 걸러 잔에 따라주고 취향대로 설탕을 조금 섞어 드세요.

초콜릿마블 치즈케이크

마블이 사랑스러운 초콜릿마블 치즈케이크.
초콜릿의 달콤함과 치즈의 부드러움이 좋아
자주 만들어 먹곤 했던 케이크랍니다.
사각으로 만들어 작게 잘라
한 조각씩 포장해서 선물하기도 좋답니다.

재료 (16.5cm 정사각형 무스틀 1개)

플레인반죽

크림치즈	150g
달걀	1개
생크림	100g
바닐라에센스	약간
설탕	20g
박력분	30g

초코반죽

다크초콜릿	100g
달걀노른자	1개
생크림	20g

머랭

달걀흰자	1개
설탕	5g

point 재료 포인트

생크림과 크림치즈, 플레인반죽에 들어가는 달걀은
실온에 미리 꺼내두고, 머랭을 만들어줄 흰자는 분
리한 뒤 깨끗한 볼에 넣어 냉장고에 차갑게 보관해
주세요. 초코반죽에 들어갈 다크초콜릿은 잘게 다져
생크림과 함께 중탕으로 미리 녹여둡니다. 무스틀은
바닥이 없으므로 쿠킹호일로 무스틀 밑부분을 잘 감
싸주고 오븐팬 위에 올려두세요.

1 깨끗한 볼에 분리해둔 차가운 흰자
의 멍울을 풀고 설탕을 넣어 머랭을
만들어주세요. 뿔이 살짝 서면서 보기에
부드러워 보이는 정도로만 올려주세요.

2 새 볼에 실온에 두었던 크림치즈를
넣고 거품기로 풀어준 후 설탕을 넣
어 섞습니다.

3 달걀 1개를 풀어서 넣어주고 고루 섞
어주세요.

4 생크림과 바닐라에센스를 섞어주
세요.

5 박력분을 체쳐 섞은 뒤 만들었던 1의
머랭 1/2을 덜어서 섞어줍니다.

6 중탕으로 녹여둔 다크초콜릿과 생크
림에 노른자 1개를 넣어 섞어주세요.

7 1의 남은 머랭을 초코반죽에 넣어 섞
어주세요.

8 플레인반죽에 초코반죽을 듬성듬성 넣고 주걱으로 마블이 생기도록 몇 번만 저어 섞어주세요.

9 호일을 감싸둔 무스틀에 마블 반죽을 부어주고 170℃로 예열된 오븐에 35~40분 정도 구워주세요. 케이크가 식은 뒤 틀에서 꺼내어 적당한 크기로 잘라줍니다.

하품이의 맛있는 한 마디 케이크를 깔끔하게 자르고 싶을 때는 끓는 물에 칼을 담가두었다가 물기를 닦고 잘라주시면 깔끔하게 잘 잘라집니다.

녹차 치즈스틱

재료 (15×15cm 사각틀 1개)
바닥쿠키: 비스킷이나 곡물쿠키 60g, 버터 15g, 우유 5g
치즈반죽: 크림치즈 150g, 달걀 1개, 설탕 35g, 레몬즙 1작은술, 녹차가루 2~3g, 박력분 1/2큰술, 삶은 팥 15~20g, 생크림 20g

1 믹서나 분쇄기에 비스킷이나 곡물쿠키를 넣고 갈아주세요. 그리고 버터와 우유를 전자레인지에 넣고 살짝 녹인 후 갈아준 쿠키에 붓고 한 번 더 돌려서 섞어주세요.

2 사각틀에 유산지를 깔아준 뒤 버터와 우유를 섞은 쿠키를 고르고 평평하게 깔아주세요.

3 치즈반죽을 만들 크림치즈를 거품기로 풀어준 뒤 설탕을 넣고 섞습니다.

4 미리 풀어놓은 달걀을 넣고 섞어주세요.

5 레몬즙을 넣고 섞어줍니다.

6 체친 박력분과 녹차가루를 넣고 골고루 섞어주세요.

7 생크림을 넣고 섞어주세요.

8 틀에 깔아둔 쿠키 윗면에 삶은 팥을 적당히 올려주세요.

9 치즈반죽을 붓고 윗면을 평평하게 다듬어준 후, 170℃로 예열된 오븐에 30~40분 정도 구워주세요.

10 구운 뒤 완전히 식으면 틀에서 빼내 1.5cm 두께로 잘라주세요.

homebaking_5
베이킹 실력을
한 단계 업그레이드하자!

쉿, 지금부터 어느 곳에서도 공개하지 않은 하품이만의 특급 노하우를 공개할게요.
조금은 복잡하고 어려워 보이는 요리라도 하품이만 따라하면 쉽게 만들 수 있어요.
특별하고 색다른 맛을 원하신다면 이제부터 소개되는 레시피에 귀 기울여보세요.
생크림과 과일을 듬뿍 넣어 만드는 케이크와 진한 맛이 느껴지는 가토쇼콜라까지
이제 여러분도 파티쉐 못지않은 실력을 지니실 수 있어요.

생크림 휘핑하기

생크림은 휘핑하기 직전까지 냉장고에 두었다가 차가운 상태로 사용해주세요. 아주 무더운 여름날에는 찬물에 얼음을 가득 채우고 생크림을 볼에 담고 올려주면 더 잘 올라와요.

1 처음 휘핑 상태 거품기로 한 번 풀어 주고 분량의 설탕을 넣고 섞으면서 거품기로 휘핑합니다. 자동핸드믹서를 사용할 경우엔 중속으로 휘핑해주세요.

2 60% 휘핑 상태 휘핑을 하다 보면 거품기 돌아가는 자국이 나기 시작하면서 걸쭉하게 흐르는 정도로 돼요. 물처럼 얇은 줄기가 아닌 굵고 묵직한 정도로 흐르는 정도예요.

3 70% 휘핑 상태 크림을 떠봤을 때 들어 올릴 수는 있지만 천천히 떨어지는 정도예요. 이 상태일 때 무스케이크에 넣어주면 좋아요. 또한 생크림케이크를 만들 때 스패추라로 겉면에 발라주면 매끄럽게 잘 발려요.

4 80% 휘핑 상태 크림을 들어봤을 때 떨어지지 않고 부드럽게 들리는 정도입니다. 떠올린 크림을 반대로 세워보면 뿔이 구부러져요. 이 상태일 때 짤주머니에 넣고 아이싱되어 있는 케이크 윗면에 키세스 모양으로 짜주면 부드럽고 자연스럽게 잘 짜져요.

5 90% 휘핑 상태 뿔이 단단하고 뾰족하게 크림이 떠지는 상태로 깍지를 끼운 짤주머니에 넣어 짜주면 모양이 그대로 확실하게 생기는 정도예요. 단, 짜는 동안 분리가 되어 거칠어질 수 있으니 주의해주세요.

크림을 바르기 전에 차가운
생크림으로 휘핑해주세요.
시럽과 베이킹 속에 넣어줄
과일도 잘라 준비합니다.

1 구운 후 충분히 식혀둔 스펀지케이
크를 3개로 슬라이스합니다.

2 시럽을 시트 위에 촉촉히 발라주세요.

3 시럽을 발라줄 시트 위에 휘핑한 생
크림을 스패추라로 발라주고 준비해
둔 과일을 촘촘히 올려주세요.

4 다시 생크림으로 과일 윗면을 살짝
덮으면서 발라준 뒤 잘라둔 시트를
올려줍니다. 이 같은 과정을 반복하여 올
려주세요.

5 윗면에도 시럽을 발라준 뒤 생크림을
적당히 퍼올리고 스패추라로 윗면을
발라 덮어주세요.

6 옆면도 스패추라로 생크림을 발라줍
니다. 돌림판을 돌려가면서 발라주면
좀 더 손쉽게 바를 수가 있어요.

7 돌림판을 돌려가며 스패추라를 직각
으로 세워 옆면과 윗면을 깔끔하게
정리합니다. 스패추라를 바깥쪽에서 안
쪽으로 쓸어 정리한 후 최종 데코를 하면
완성.

2번 작은 원형깍지

케이크 윗면에 글씨를 쓰거나 얇은
라인을 그려줄 때 주로 사용해요.

352번 잎사귀 깍지

보통 꽃을 짜고 나서 마지막으로
잎사귀를 짜줄 때 많이 사용하는
깍지. 깍지입구의 뾰족하게 튀어
나온 양쪽부분을 바닥에 닿도록
짜주면서 깍지를 위로 들어올려
힘을 빼주면 잎사귀 모양으로 짜
진답니다.

12번 원형깍지

바닥 위 1cm 높이 지점에서 힘을
주어 크림을 짜주다가 점점 힘을
빼면서 살짝 빼올려주면 키세스
모양을 만들 수 있어요. 또한 깍지
를 45° 정도 기울여 짜면서 짤주
머니를 쥔 손의 힘을 빼 바닥으로
살짝 내리듯 짜주면 쉘 모양으로
짤 수 있답니다.

47번 바구니 깍지

뾰족한 부분을 위로 향하게 하고 깍
지를 바닥에 45°로 기울여 짜주면
주름 모양을 짤 수 있어요. 격자무
늬로 짜주면 바구니 모양으로 만들
수도 있답니다.

3번 원형 깍지

라인을 그리거나 작은 물방울 무늬를 짜줄 때 사용되는 깍지예요.

104번 레이스 깍지

레이스 모양이나 장미꽃잎, 팬지 모양의 꽃을 짤 때 사용되는 깍지. 레이스나 꽃 모양을 만들 때 깍지 입구의 볼록한 부분이 바닥으로 향하도록 하고 45° 방향으로 깍지를 기울여 짜주세요.

몽블랑 깍지

보통 제과재료 쇼핑몰에서 흔히 팔고 있어요. 크림을 넣어서 짜주면 국수가락처럼 몽블랑 모양의 크림을 짤 수 있답니다.

22번 별 깍지

아기자기한 장식을 원할 때 유용한 별 모양의 깍지예요.

16번 별 깍지

캐릭터 케이크의 윗면을 덮어주는 용도로 주로 쓰이는 별 깍지예요. 라인을 그려준 뒤 이 작은 별 깍지로 면을 채워나가면 그림이 완성된답니다.

32번 별 깍지

상투과자를 만들 때 이용해도 좋고, 케이크의 테두리 부분에 돌아가면서 장식을 짜주어도 좋아요. 역시 45° 정도 기울여 짜주면서 힘을 빼듯 살짝 꼬리를 내려주면 쉘 모양 장식을 만들 수 있답니다.

블루베리 레어 치즈케이크

여름철 시원하게 먹으면 좋은
레어치즈케이크예요. 블루베리와 플레인
요구르트를 넣어 상큼함을 더했답니다.
라즈베리나 딸기로 만들어도 좋아요.

재료 (14cm 무스틀 1개)

퓌레

블루베리	130g
설탕	20g
판젤라틴	2g
레몬즙	1/2작은술
찬물	적당량

반죽

크림치즈	150g
생크림	120g
무가당 플레인 요구르트	80g
설탕	25g
레몬즙	1/2작은술
판젤라틴	3g
찬물	적당량

바닥쿠키

비스킷이나 곡물쿠키	60g
실온의 버터	25g
장식용 블루베리나 과일	약간

재료 포인트

크림치즈는 미리 실온에 꺼내둡니다. 생크림은 차갑게 준비해주세요. 바닥에 사용할 비스킷이나 곡물쿠키는 지퍼백에 넣어 밀대로 두드려 잘게 부숴준 뒤 녹인 버터를 넣어 골고루 섞어둡니다.

1 무스틀에 버터를 섞어둔 쿠키를 깔아주고, 퓌레에 넣어줄 판젤라틴은 찬물에 5분간 담가 불려줍니다. 반죽에 넣을 판젤라틴도 따로 불려두세요.

2 퓌레를 만듭니다. 냄비에 블루베리와 레몬즙, 설탕을 넣은 뒤 섞어주고 약불에 올려 양이 1/2로 줄어들 때까지 10~15분간 끓여주세요.

3 불을 끄고 젤라틴을 건져 물기를 손으로 짜준 뒤 퓌레가 뜨거울 때 넣고 섞어주세요. 그런 뒤 핸드블랜더로 갈아 퓌레를 만듭니다.

4 실온에 두었던 크림치즈를 풀어주고 설탕을 섞어서 치즈반죽을 만들어주세요.

5 물기를 제거한 플레인 요구르트를 넣어 섞습니다.

6 찬물에 따로 불려둔 판젤라틴을 건져 전자레인지에 30초간 돌려 녹여준 뒤 레몬즙과 함께 반죽에 넣고 섞어주세요.

7 70% 휘핑 해둔 생크림을 두 번에 걸쳐 반죽에 섞어주세요.

8 치즈반죽에 젤라틴을 섞어 갈아둔 퓌레를 1/3 정도 듬성듬성 흘려 넣은 뒤 주걱으로 3번 정도만 휘휘 저어 자연스러운 마블을 만들어주세요.

9 쿠키를 깔아둔 무스틀에 마블치즈반죽을 가득 부어주고 스패추라나 주걱으로 윗면을 평평하게 만듭니다.

10 남겨둔 퓌레를 윗면에 흘리듯이 부어준 뒤 스패추라로 평평하게 만들어주세요. 치즈반죽과 섞이지 않도록 살살 쓸어 평평히 만들어준 뒤 냉동실에 1시간 정도 굳혀주세요.

11 단단히 굳은 케이크를 꺼내어 뜨거운 물에 적신 행주로 틀을 감싸준 뒤 틀에서 케이크를 분리합니다. 윗면에 블루베리나 여러 과일을 올려주면 완성.

하품이의 맛있는 한 마디 플레인 요구르트의 물기 제거를 위해 먼저 체에 키친타월을 두 겹으로 깔고 그 위에 떠먹는 플레인 요구르트를 부어줍니다. 그리고 요구르트를 키친타월로 감싼 후 위에 무거운 접시를 올려서 비닐에 넣어 냉장고에 반나절 정도 넣어두면 물기가 쭉 빠진답니다. 물기가 제거되면 레어 치즈케이크를 만들 때 질기가 적당하게 되어 사용하기 훨씬 좋아집니다.

단호박 크림치즈 파이

할로윈용 호박 모양으로 만들어본 단호박 크림치즈파이.
바삭한 파이지와 식이섬유가 풍부한 부드러운 단호박의
맛이 조화로운 파이랍니다. 주일이나 할로윈데이같이
특별한 날에 아이들과 함께 만들어보세요.

 **재료** (14cm 원형 파이틀 1개)

파이지

박력분	150g
베이킹파우더	1/4작은술
소금	1g
찬물	35g
버터	75g

충전물

단호박	80g
크림치즈	75g
생크림	15g
설탕	13g
옥수수전분	1큰술
달걀	1/2개(27g)

달걀물

달걀노른자	1개
물	1/2작은술

point 재료 포인트

파이지의 버터와 물은 차갑게 준비하고 크림치즈와 생크림, 달걀은 실온에 미리 꺼내둡니다. 단호박은 껍질을 까준 뒤 찜통에 푹 익혀 계량하거나 접시에 랩을 덮어 전자레인지에 익혀주셔도 돼요. 달걀물은 노른자와 물을 섞어주세요.

1 먼저 파이지를 만듭니다. 박력분과 베이킹파우더를 함께 볼에 체쳐 넣고 차가운 버터를 잘라 넣은 뒤 스크래퍼로 버터를 잘게 잘라가면서 가루와 고루 섞어주세요.

2 보슬보슬한 상태가 되면 찬물에 소금을 섞어 반죽의 가운데에 구멍을 만들어 부어줍니다.

3 스크래퍼로 반죽을 한 덩이로 뭉쳐주고 마르지 않도록 비닐에 감싸 냉장고에 1시간 정도 넣어둡니다.

4 휴지시킨 반죽을 꺼내어 바닥에 덧가루를 살살 뿌려준 뒤 밀대로 밀어주세요.

5 밀어준 반죽은 겹쳐 접어가면서 밀어줍니다. 4~5번 정도 반복해서 접어 밀어주세요.

6 충분히 접어 밀어준 반죽을 4mm 두께로 밀어주세요.

7 밀어준 반죽의 1/2을 파이틀에 맞게 잘라 깔아주세요. 바닥이 부풀지 않도록 포크로 적당히 찔러주세요.

8 남은 반죽은 할로윈 호박 모양을 만들어 잘라준 뒤 랩을 덮어 잠시 냉장고에 넣어둡니다.

9 익힌 단호박은 식힌 뒤 볼에 담고 크림치즈를 넣어 섞어주세요.

10 단호박과 크림치즈가 고루 섞이면 설탕을 섞어주세요.

11 달걀을 풀어준 뒤 반죽에 넣고 섞습니다.

12 생크림을 섞어준 뒤 옥수수전분을 넣어 섞어주세요. 틀에 깔아둔 파이지 위에 반죽을 부어주세요.

13 할로윈 모양의 파이지를 윗면에 올려주고 틀에 맞게 잘라내어 포크로 테두리부분을 눌러주세요. 달걀물을 고루 발라주고 200℃로 예열된 오븐에서 30~35분 정도 구워주세요.

마론크림케이크

스산한 가을에 차 한 잔과 먹으면 좋은 마론크림을
듬뿍 올린 마론크림 케이크. 프랑스어로 밤을
마론이라고 해요. 보통은 마론페이스트로 만드는 게
정석이지만 손쉽게 구할 수 있는 밤잼으로
만들어보았어요. 살살 녹는 코코아시트와 아주 잘
어울리는 맛이랍니다.

 **재료** (23X30cm 오븐팬 1개)

코코아시트

달걀	3개
설탕	55g
박력분	50g
코코아가루	15g
버터	15g
생크림	15g

충전용 크림

생크림	100g
설탕	7g

시럽

물	20g
설탕	10g

마론크림

마론잼(마론페이스트)	130g
생크림	120g

point **재료 포인트**

달걀은 실온에 미리 꺼내두세요. 반죽에 넣어줄 버터와 생크림은 한꺼번에 계량하여 전자레인지에 살짝 돌려두세요. 박력분과 코코아가루는 2~3번 곱게 체쳐주세요. 시럽은 뜨거운 물과 설탕을 섞어주세요.

1 코코아시트를 만들기 위해 달걀을 볼에 풀어준 뒤 설탕을 넣어 섞어주세요.

2 달걀의 거품이 풍성하게 올라오도록 중탕 상태로 거품을 올립니다. 거품을 만졌을 때 미지근한 느낌이 들면 받치던 물을 빼주세요.

3 거품을 떠보았을 때 지그재그를 그리며 떨어질 정도까지 거품을 올려주세요.

4 2~3번 정도 체친 박력분과 코코아가루를 넣고 섞어주세요. 거품이 꺼지지 않도록 재빨리 섞습니다.

5 녹여둔 버터와 생크림에 **4**의 반죽을 한 주걱 덜어 따로 섞어준 뒤 전체 반죽에 다시 넣고 섞어주세요.

6 유산지를 깔아둔 팬에 반죽을 붓고 평평하게 자리 잡도록 스크래퍼로 윗면을 쓸어주세요. 잔거품이 빠지도록 팬을 1~2번 탁탁 내리쳐주고 170~180℃로 예열된 오븐에 15분 정도 구워줍니다.

7 시트가 구워지면 팬에서 꺼내 유산지째 식힌 후 빵칼로 만들 모양과 크기대로 잘라주세요.

8 시트 안쪽에 발라줄 생크림을 휘핑합니다. 차가운 생크림을 볼에 담고 설탕을 넣어 뿔이 살짝 생길 정도로 휘핑해주세요.

9 시트에 시럽을 적당히 발라주고 휘핑한 생크림을 도톰하게 바른 후 다시 시트를 한장 더 얹어 시럽과 남은 생크림을 얇게 발라주세요.

10 볼에 생크림을 넣고 휘핑하여 걸쭉해지기 시작하면 마론잼을 좀 더 섞어서 마론크림을 만들어줍니다.

11 마론크림을 몽블랑 깍지를 끼운 짤주머니에 넣어주세요.

12 생크림을 발라둔 시트 위에 마론크림을 듬뿍 짜줍니다. 크림이 단단해지도록 30분 정도 냉장고에 넣었다가 꺼내어 빵칼로 테두리 부분을 깔끔하게 잘라주세요.

하품이의 맛있는 한 마디 코코아가루를 넣어 만드는 스펀지케이크나 롤케이크시트의 달걀거품은 평소보다 좀 더 걸쭉하고 단단한 느낌으로 풍성하게 올려주세요. 유지를 지닌 코코아가루를 넣기 때문에 박력분만 넣는 시트처럼 거품을 올리면 가루를 넣어 섞을 때 쉽게 꺼질 수 있답니다.

가토쇼콜라

진한 초콜릿 맛이 일품인 가토쇼콜라는 만드는
방법도 간단하고 쉬워서 누구나 도전할 수 있어요.
그냥 먹어도 좋지만 윗면에 생크림을 듬뿍
올려주면 카페에서 먹는 고급 쇼콜라 못지않아요.
크리스마스나 밸런타인데이 같은 특별한 날에
연인에게 선물하면 사랑받을 거예요.

재료 (14cm 원형틀 1개)

다크초콜릿	65g
버터	35g
생크림	50g
달걀	2개
설탕	40g
무가당 코코아가루	20g
박력분	15g
캐러멜크림	20~30g
호두	3~4알

장식용 생크림

차가운 생크림	50g
설탕	10g
장식용 식용 은구슬	약간

 **재료 포인트**

달걀은 흰자, 노른자가 섞이지 않도록 따로 분리하고 흰자는 깨끗한 볼에 담아 차갑게 보관합니다. 코코아가루와 박력분은 한꺼번에 체쳐주고, 다크초콜릿은 칼로 잘게 다져둡니다. 그리고 윗면에 장식할 때 사용할 1cm 지름의 원형 깍지와 짤주머니를 미리 준비하고, 마지막에 올릴 장식용 생크림은 차가운 상태로 준비하세요.

1 냄비에 생크림과 버터를 끓여준 뒤 다져둔 초콜릿을 넣어주세요. 초콜릿이 녹도록 골고루 섞어주세요.

2 볼에 차가운 흰자와 설탕(20g)을 넣고 거품을 올려 단단한 머랭을 만들어주세요.

3 다른 볼에 노른자를 풀어주고 설탕(20g)을 섞어주세요.

4 노른자와 설탕이 골고루 섞여 색이 뽀얗게 되었을 때 녹여둔 초콜릿을 넣어가며 섞어줍니다.

호두는 작게 잘라서 오븐에 살짝 구워두세요.

5 박력분과 코코아가루를 넣어 고루 섞어주세요.

6 2에서 만들어둔 머랭을 반죽에 3번 정도 나눠 가면서 섞어주세요.

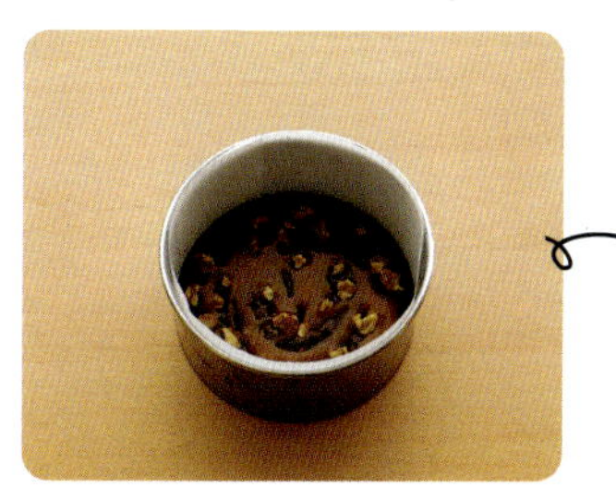

7 원형틀에 유산지를 깔아주고 반죽을 절반 정도 부어준 뒤 잘라둔 호두를 넣고 캐러멜크림을 적당히 부어주세요.

8 남은 반죽을 위에 가득 부어준 뒤 160℃~170℃로 예열된 오븐에 30~35분 정도 구워주세요.

9 가토쇼콜라는 완전히 식혀주세요. 생크림에 설탕을 넣고 80% 정도로 휘핑하여 원형 깍지를 끼운 짤주머니에 담아 케이크 윗면에 동그란 모양으로 가득 짜주세요.

 **하품이의 맛있는 한 마디** 원형틀뿐만 아니라 머핀틀이나 사각 종이틀에 작게 구워준 뒤 식으면 윗면에 슈거파우더를 고루 뿌려 장식해도 좋아요. 크리스마스 같은 때는 장식물을 꽂아주어도 예쁘답니다.

캐러멜소스

재료 설탕 80g, 물엿 5g, 물 15g, 생크림 150g, 버터 7g

1 생크림과 버터를 냄비에 넣어 약불에서 데워주세요.

2 다른 냄비에 설탕과 물엿, 물을 넣어 약불이나 중불에 올려 시럽을 만들어주세요.

3 시럽이 투명한 갈색빛이 날 때까지 끓여주세요.

4 데워준 생크림을 끓인 시럽에 조금씩 넣어주세요. 끓어 넘칠 수 있으니 천천히 부어주세요.

5 생크림을 모두 넣고 고루 섞일 수 있도록 약불에서 1분 정도만 저어주면서 살짝 끓여주세요. 완성된 캐러멜소스를 용기에 담아줍니다.

생크림 미니 쇼트케이크

부드러운 시트 사이사이에 생크림과 과일을 듬뿍
넣어 만드는 쇼트케이크. 딸기와 키위, 체리 같은
여러 가지 과일을 넣어봤어요. 윗면에는 심플하게
라즈베리를 얹어 장식해보았답니다.

재료 (12cm 원형틀 2개 또는
18cm 원형틀 1개)

시트

달걀	3개
설탕	55g
박력분	90g
버터	15g
생크림	15g

시럽

설탕	15g
물	30g
체리 리큐르	1/2작은술

아이싱용 생크림	200g
설탕	15g
체리 리큐르	1/4작은술
키위 · 딸기 · 라즈베리	적당량
피스타치오	약간

 **재료 포인트**

달걀은 실온에 꺼내두시고, 버터와 생크림은 전자레인지에 돌리거나 중탕으로 녹여두세요. 시럽은 끓는 물에 설탕을 녹인 후 어느 정도 식으면 리큐르를 섞어 완성하세요. 박력분은 2~3번 체로 쳐주고 원형틀에는 미리 유산지를 깔아줍니다. 깍지는 지름 1cm의 원형 깍지로 준비하고 짤주머니도 같이 준비해주세요.

1 달걀은 미리 멍울을 풀어놓고 설탕을 섞어주세요.

2 거품기로 떠봤을 때 걸쭉하게 리본 모양을 그리면서 떨어지면 완성.

3 2~3번 정도 체쳐준 박력분을 넣어 거품이 꺼지지 않도록 고루 섞어주세요.

4 버터와 생크림을 녹인 그릇에 3의 반죽을 조금 덜어 따로 섞은 뒤 다시 3의 전체 반죽에 넣고 섞습니다.

5 유산지를 깔아둔 2개의 미니틀에 반죽을 담고 잔거품이 없어지도록 살짝 바닥에 내리쳐주세요. 170℃로 예열해둔 오븐에 30분 정도 구워줍니다.

6 시트에 발라줄 차가운 생크림을 볼에 담고 한 번 살짝 풀어준 뒤 설탕을 넣어주세요.

7 70~80% 정도가 될 때까지 휘핑해주세요.

8 구워 식혀준 시트를 3장씩 슬라이스해 시럽을 발라준 후 휘핑해준 생크림을 적당히 발라 과일을 올려주세요. 이 과정을 반복합니다.

9 윗면과 옆면 순으로 크림을 적당히 도포한 후 옆면에서 윗면 순서로 깔끔하게 스패추라로 정리해주세요.

10 생크림을 원형 깍지에 끼운 짤주머니에 넣어 테두리 부분을 돌아가면서 키세스 초콜릿 모양으로 짜줍니다. 안쪽에 라즈베리를 적당히 올려주고 다진 피스타치오를 조금 뿌려주세요.

하품이의 맛있는 한 마디 생크림을 휘핑한 후 너무 오랫동안 발라주면 생크림이 단단하게 변하여 거칠어질 수 있으니 재빨리 매끈하게 잘 발라주세요. 완성 후 케이크 윗면에 키세스 모양으로 생크림을 짤 때는 1cm 정도 지름의 원형 깍지를 이용하세요. 케이크에서 직각으로 1cm 정도 높이에서 힘을 준 뒤 크림을 짜다가 힘을 빼면서 살짝 들어 올리면 키세스 모양이 만들어집니다.

슬픈하품 이지혜

숙명여대 디자인대학원 졸업. 전문적으로 제과나 제빵에 관하여 배우지는 않았지만 탁월한 디자인 감각으로 아기자기한 데코레이션과 센스 있는 포장 감각으로 만들어낸 여러 가지 다양한 홈베이킹 레시피를 블로그에 소개하면서 유명 블로그 스타가 되었다. 현재 네이버 슬픈하품의 블로그(http://blog.naver.com/yichihye)뿐 아니라, 슬픈하품의 스위티 홈베이킹 카페(http://cafe.naver.com/hapooms)를 운영하면서 많은 초보 홈베이커들을 위해 다양한 레시피와 팁, 홈베이킹에 관한 정보들을 제공하고 있다.

네이버 블로그! 850만이 찾은 소문난 레시피

맛을 아는 여우들의 홈베이킹

발행일 초판 1쇄 2010년 10월 1일

지은이 슬픈하품(이지혜)
발행인 김상규 | **편집장** 김미현 | **편집** 손영선, 황재희, 김은정 | **마케팅** 공태훈, 신영병, 안영애

디자인 All Design (776-9862) | **진행** 책밥 | **교정·교열** 책밥
발행처 중앙북스(주) www.joongangbooks.co.kr | **등록** 2007년 2월 13일 제2-4561호
주소 서울시 중구 순화동 2-6번지 우편번호 100-732 | **전화** 1588-0950 | **팩스** 02-2000-6174

ISBN 978-89-278-0085-9   14590
      978-89-278-0086-6   14590 (set)